计算机应用基础

（Windows 10+WPS Office 2019）

主　编　曾海文

副主编　韦　珏　苏　艳

参　编　郑　蕾　廖　衡　廖　源　陈丽芳

电子工业出版社.

Publishing House of Electronics Industry

北京·BEIJING

内 容 简 介

本书是根据"项目引领，任务驱动"的教学模式，采用"以工作过程为导向"的教学方式来进行编写的，强调理论与实践相结合，注重实用性和可操作性。全书由 6 个项目构成，涉及的内容循序渐进，贯穿计算机应用操作学习的全过程。书中的项目任务全部都是结合学生认知特点和日常生活情趣，针对实际专业岗位应用所需要的计算机技能而选定的典型案例。

本书既可作为高职高专院校计算机应用基础课程教材，也可以作为全国计算机等级考试（一级）、办公自动化人员及计算机应用职业资格培训的辅导用书。

图书在版编目（CIP）数据

计算机应用基础：Windows 10+WPS Office 2019 / 曾海文主编. —北京：电子工业出版社，2021.7

ISBN 978-7-121-41484-8

Ⅰ. ①计… Ⅱ. ①曾… Ⅲ. ①电子计算机—基本知识 Ⅳ. ①TP3

中国版本图书馆 CIP 数据核字（2021）第 125409 号

责任编辑：寻翠政

印　　刷：三河市鑫金马印装有限公司
装　　订：三河市鑫金马印装有限公司
出版发行：电子工业出版社
　　　　　北京市海淀区万寿路 173 信箱　邮编　100036
开　　本：787×1 092　1/16　印张：11　字数：281.6 千字
版　　次：2021 年 7 月第 1 版
印　　次：2023 年 8 月第 7 次印刷
定　　价：39.00 元

凡所购买电子工业出版社图书有缺损问题，请向购买书店调换。若书店售缺，请与本社发行部联系，联系及邮购电话：（010）88254888，88258888。

质量投诉请发邮件至 zlts@phei.com.cn，盗版侵权举报请发邮件至 dbqq@phei.com.cn。

本书咨询联系方式：（010）88254247，xcz@phei.com.cn。

前　言

随着计算机技术的飞速发展及信息技术革命的到来，计算机应用已渗透到人类社会的各个领域，因此，掌握以计算机为核心的信息技术的一般应用，已成为每位大学生必备的基本能力。

计算机应用基础作为高职高专学生的公共基础必修课程，是培养学生应用计算机的基本能力和互联网思维方法，从而具有应用计算机获取和处理一般信息能力的一门课程。本书针对高职高专教育的特点编排和组织内容，结合学生认知特点和日常生活学习情趣，采取项目引领、任务驱动，基于实际工作过程引入教学案例，注重培养学生解决实际问题的能力，并使学生适应计算机等级考试一级 WPS Office 的操作要求。

本书主要设计了 6 个项目，包括计算机基础知识、Windows 10 操作系统、计算机网络基础与 Internet 应用、WPS 文字的使用、WPS 表格的使用、WPS 演示的使用。

本书作为教材使用时，课堂教学建议安排 48 学时，网络教学平台在线学习建议 24 学时。主要内容和学时安排如下表所示，教师可根据实际情况进行调整。

章　节	主 要 内 容	在线学时	课堂学时
项目一	介绍计算机的发展、计算机系统的组成、计算机中的数制与编码、计算机组装及计算机的应用领域等，为学生了解计算机的历史与基本原理打下良好的基础	4	4
项目二	介绍 Windows 10 操作系统的相关知识与基本操作	4	4
项目三	介绍计算机网络的基础知识，互联网的概念、原理，以及常见互联网上的服务，以互联网+为大背景，引入互联网思维，培养学生的互联网信息素养和信息安全意识	6	4
项目四	介绍 WPS 文字的文档编辑、文档排版、文档美化等，为学生提供丰富的文字处理技术	4	14
项目五	介绍数据输入、单元格设置、函数计算、数据分析和图表的绘制等，为学生提供丰富的数据处理和分析技术	4	12
项目六	介绍幻灯片的基本制作、美化和放映等，为学生设计制作出高质量的毕业设计答辩、职业生涯规划、班级宣传、活动汇报、竞聘演讲等演示文稿提供帮助	2	10

本书由曾海文担任主编，韦珏、苏艳担任副主编。其中，项目一和项目四由曾海文编写，项目二由韦珏编写，项目三由苏艳编写，项目五由廖衡和廖源编写，项目六由郑蕾和陈丽芳编写，曾海文负责全书的设计和统稿修订。

由于编者水平有限，书中难免会存在疏漏和不足之处，欢迎广大读者批评指正。

编　者

目　　录

项目一　计算机基础知识

电子计算机简称计算机（Computer），俗称电脑，是一种能够按照程序运行，自动、高速处理海量数据的现代化智能电子设备。从世界上第一台计算机诞生至今，人与计算机的联系越来越密切，特别是进入 21 世纪以后，计算机工业的发展更是日新月异。随着互联网的普及和网络技术的不断发展，计算机作为不可或缺的工具，在人们的生产、生活中发挥着越来越重要的作用，改变着人们的工作方式、生活方式、学习方式和思维方式，也改变着人们的观念。因此，学习使用计算机早已成为现代社会对每一个人的基本要求。

任务一　计算机的发展、分类及应用

计算机科学技术在飞速发展，应用领域也在不断拓展，计算机已经成为人类不可或缺的重要工具。本任务通过学习计算机的发展、分类及应用，帮助学习者更好地理解对人类发展起着重要作用的计算机。

活动一　计算机的发展历程与发展趋势

1. 计算机的发展历程

人类在数千年前就希望使用工具进行计数和计算，古代中国人发明的算筹是世界上最早的计算工具，在唐代中国人最先发明了更为方便的计算工具—算盘，美国人在 16 世纪发明了棋盘计算器，英国数学家巴贝奇在 19 世纪中期提出了通用数字计算机的基本设计思想，阿兰·图灵在 1936 年提出了一种抽象的计算模型—图灵机，由此可以看出，现代计算机是从古老的计算机工具逐步发展而来的。通常认为，人类历史上真正意义上的第一台电子计算机是 ENIAC。

1946 年 2 月，世界上第一台电子数字计算机 ENIAC（埃尼阿克）在美国宾夕法尼亚大学宣告研制成功，主要电子元器件是电子管，它一共使用了 18 000 多个电子管，占地约 170m²，重达 30t，耗电 150kW，造价为 48 万美元，每秒可进行约 5 000 次运算，虽然其速度远不及现在最普通的微型计算机，但它的问世具有划时代的意义，标志着计算机时代的到来，如图 1-1-1 所示。

图 1-1-1　第一台电子计算机 ENIAC

从 ENIAC 诞生至今，计算机技术的发展速度相当迅猛，以计算机所采用的电子元器件为划分标志，可以将计算机的发展历程分为 4 个阶段，如表 1-1-1 所示。

表 1-1-1　计算机发展的 4 个阶段

时　间	基本元件	处理速度	软　件	主要硬件
第 1 代（1946—1957 年）	电子管	几千次/秒	汇编语言、服务性程序	磁盘、磁带机、穿孔卡片机等
第 2 代（1958—1964 年）	晶体管	几十万次/秒	有编译程序的高级语言、批处理监控程序	键盘、打印机、CRT 显示器等
第 3 代（1965—1970 年）	中小规模集成电路	数百万次/秒	多道程序设计和分时操作系统	高密度的磁盘
第 4 代（1971 年至今）	大规模、超大规模集成电路	数亿至千万亿次/秒	并行多处理操作系统、专用语言和编译器、软件智能化、网络化、个性化	高密度的硬盘等

2．计算机的发展趋势

计算机技术是发展最快的科学技术之一，为了适应社会对计算机应用的基本需求，未来计算机将向着以下几个方面发展。

（1）巨型化。社会高度信息化导致数据量剧增，必然要求有与之相适应的高速度、高精度和大存储量的超级计算机。巨型计算机是国家实力的象征，也是军事、航天等尖端科技领域开展研究的重要基础。

（2）微型化。计算机只有向着体积更小、功能更强、价格更低的方向发展，才能适应更多的应用环境，满足更多领域对计算机的应用需求。

（3）网络化。计算机网络化是信息社会的基本特征，也是实现资源共享的基础，计算机的网络化功能会随着时间的推移越来越强。

（4）智能化。人们正在深入探索各种人工智能技术，期望计算机在不久的将来具有更多为人类服务的智能化本领。

活动二　计算机的分类

按照计算机的运行速度、存储容量、软硬件配置和价格等综合衡量，可以将计算机分为巨型机、大型机、小型机、工作站和微型机。

（1）巨型机。巨型又称超级计算机。其特点是高速度和大容量，具有很强的计算和处理数据的能力。主要用于大范围天气预报、整理卫星照片、探索原子核物理、研究洲际导弹、宇宙飞船等方面。

（2）大型机。大型机在结构上较巨型机简单，在价格上较巨型机便宜，在使用范围上较巨型机普遍，广泛应用于事务处理、商业处理、信息管理、大型数据库和数据通信等领域。

（3）小型机。小型机的功能略逊于大型机，其结构比较简单，成本较低，维护方便，适用于中小企事业用户，也可作为巨型机或大型机的辅助机。

（4）工作站。工作站是一种性能介于微型机和小型机之间的高档微型计算机，通常配有高分辨率的大屏幕显示器和大容量的存储器，具有较强的数据运算与图形、图像处理能力，主要面向专业应用领域。

（5）微型机。微型机简称微机，又称个人计算机，其特点是性价比高、轻便小巧，主要面向个人用户，是目前最普及的机型。其中个人计算机又可分为台式计算机和便携式计算机（如笔记本计算机）两类，分别如图 1-1-2 和图 1-1-3 所示。

图 1-1-2　台式计算机

图 1-1-3　笔记本计算机

活动三　计算机的应用领域

随着计算机技术的飞速发展，计算机的应用范围也越来越广泛，已经渗透到国民经济的各个部门及社会生活的各个角落，具体应用大致可以归纳为以下几个方面。

（1）科学计算：即数值计算，是计算机最早且最重要的应用领域，是指利用计算机来完成科学研究和工程设计过程中高精度和高复杂度的运算。军事、航天、气象、物理和医学等领域中的现代科学计算都离不开计算机。

（2）数据处理：又称信息处理，常指运用计算机强大的数据存储能力和运算能力对大量数据进行分类、排序、合并、统计等处理，如办公自动化、会计电算化、人口普查资料处理、企业经营、图书资料检索等。

（3）计算机控制：又称实时控制或过程控制，是指利用计算机实时采集数据、分析数据，按最优值迅速对控制对象进行自动调节或自动控制。主要应用于机械、冶金、石油、化工、电力等工业生产中，可以提高生产效率和产品质量，节约成本。

（4）计算机辅助系统：指利用计算机自动或半自动地完成一些相关工作，主要分为计算机辅助设计（Computer Aided Design，CAD）、计算机辅助制造（Computer Aided Manufacturing，CAM）、计算机辅助教学（Computer Aided Instruction，CAI）。

（5）人工智能（Artificial Intelligence，AI）：是指利用计算机来模拟人类的某些智能行为。机器人是人工智能应用的重要方面，它能模仿人们的动作，具有感知、推理、学习、理解、联想、探索和模式识别等功能。

（6）虚拟现实（Virtual Reality，VR）：是一种可以创建和体验虚拟世界的计算机仿真系统，它利用计算机生成一种模拟环境，使用户沉浸到该环境中，实现用户与该环境交互的目的。

（7）电子商务（Electronic Commerce，EC）：是指以信息网络技术为手段，以商品交换为中心的商务活动。具体说是在互联网、企业内部网和增值网上以电子交易方式进行交易活动和相关服务的活动，是传统商业活动各环节的电子化、网络化、信息化。以互联网为媒介的商业行为均属于电子商务的范畴。

（8）电子政务（E-Government）：指政府机构应用现代信息技术、网络技术，以及办公自动化技术等进行办公、管理和为社会提供公共服务的一种全新的管理模式，其目的是便民、高效和廉政。

任务二　计算机系统组成及工作原理

计算机的应用领域不同，配置也各不相同，但其基本组成和工作原理都一样。了解计算机系统的组成和功能，是全面理解计算机的基础。

活动一 计算机系统基本组成

一个完整的计算机系统由硬件系统及软件系统两部分组成。计算机硬件系统是组成计算机的各种物理设备的总称，是一些实实在在的，看得见，摸得着的有形实体，是计算机进行计算的物质基础和核心。计算机软件系统是在计算机硬件设备上运行的各种程序及其相关数据的总称，它可以提高计算机的工作效率，扩大计算机的功能，是计算机系统的灵魂，一台计算机光有硬件而没有软件就像一堆废铁一样。计算机系统的组成结构如图 1-2-1 所示。

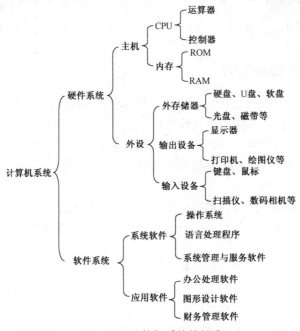

图 1-2-1　计算机系统的组成

活动二 计算机硬件系统组成

自从第一台电子计算机诞生以来，经过半个多世纪的发展，计算机系统的结构已经发生了很大变化，但就其结构原理来说，占主流地位的仍然是冯·诺依曼型计算机。

按照冯·诺依曼对计算机结构的划分，计算机硬件系统由运算器、控制器、存储器、输入设备和输出设备五大部件组成。

1. CPU

CPU 是中央处理单元（Central Processing Unit）的缩写，它可以被简称为微处理器（Microprocessor），也可以直接被称为处理器（Processor）。CPU 是计算机的核心，其重要性好比大脑之于人，它负责处理、运算计算机内部的所有数据。CPU 主要由运算器和控制器组成。CPU 的外观如图 1-2-2 所示。

图 1-2-2　CPU 的外观

2. 主板

主板又叫主机板或系统板，是一切部件的基础，上面安装了构成计算机的主要电路系统，它将 CPU、内存及外部设备连成一体，主板上集成了 BIOS 芯片、I/O 控制芯片、键盘和面板控制开关接口、指示灯插接件、扩充插槽、主板及插卡的直流电源供电接插件等元件。

主板上提供了各种设备的接口或插槽，主要包括 CPU 插槽、PCI 插槽、AGP 插槽、PCI-E 插槽、内存插槽、电源接口、IDE 接口、键盘/鼠标接口、串行通信接口、VGA 接口、USB 接口、网络接口、音/视频接口，另外还包括南桥芯片、北桥芯片、BIOS 芯片和 CMOS 电池等。主板的外观如图 1-2-3 所示。

图 1-2-3　主板的外观

3. 内存储器

内存又称内存储器，用于暂时存储正在运行的程序和数据。内存是计算机与 CPU 进行沟通的桥梁。计算机中所有程序的运行都是在内存中进行的，因此内存的性能对计算机的影响非常大。内存属于易失性存储器，计算机意外断电后，其存储的信息就会丢失。内存一般采用半导体存储单元，包括随机存储器（Random Access Memory，RAM）、只读存储器（Read Only Memory，ROM）及高速缓存（Cache）。内存的外观如图 1-2-4 所示。

图 1-2-4　内存的外观

4. 外存储器

外存储器简称外存，是指除计算机内存及 CPU 缓存以外的存储器，此类存储器一般在计算机断电后仍然能保存数据。常见的外存储器有硬盘、光盘和可移动存储设备等。硬盘是计算机重要的外部存储设备，由一个或者多个铝制或玻璃制的碟片组成。绝大多数硬盘都是固定硬盘，被永久性地密封固定在硬盘驱动器中。可移动存储设备包括移动硬盘和 U 盘等，其中，U 盘是计算机存储领域属于中国人的原创性发明专利成果。固定硬盘与可移动硬盘的外观如图 1-2-5 所示。

图 1-2-5　固定硬盘与可移动硬盘的外观

5．显示器

显示器也称监视器，是计算机主要的输出设备，显示器按其工作原理可分为许多类型，较常见的有 CRT（阴极射线）和 LCD（液晶）。影响显示器性能的参数主要有分辨率、带宽、刷新频率、扫描方式、点距、辐射，等等。带宽是指显示器特定电子装置能处理的频率范围，频率越高，图像越清晰；刷新频率是指显示器对整个画面重复的次数，刷新频率越高，闪烁就越小。CRT 显示器如图 1-2-6 所示，LCD 显示器如图 1-2-7 所示。

图 1-2-6　CRT 显示器　　　　　　　　　图 1-2-7　LCD 显示器

6．键盘和鼠标

利用键盘我们可以向计算机输入数据、程序、命令等。目前大多数计算机配备 101 键标准键盘。键盘的外观如图 1-2-8 所示。

鼠标是用来进行光标定位以完成某种特定的输入。鼠标有机械式、光电式（图 1-2-9）和无线式（蓝牙）3 种结构。

图 1-2-8　键盘的外观　　　　　　　　　　图 1-2-9　光电式鼠标

7. 光驱

光驱是计算机中用来读写光碟内容的配件，是台式计算机中比较常见的一个配件。光驱可分为 CD-ROM 和、DVD。

刻录机是一种可以将数据刻在光盘上的光驱，可以刻录 CD-R、CD-RW、DVD-RW 等各种规格的光盘。光驱与刻录机的外观如图 1-2-10 所示。

图 1-2-10　光驱与刻录机的外观

8. 机箱和电源

计算机机箱虽然不能直接影响计算机的性能，但对于计算机的外观及工作的稳定性具有比较重要的意义，机箱的选购一般从外表美观大方、按钮设置合理、散热情况良好、各项功能齐全等几个方面来选择。计算机机箱如图 1-2-11 所示。

一台计算机除了部分显示器可以直接由外来电源供电外，其余所有部件均靠机箱内部的电源供电，电源输出直流电性能的好坏，直接影响部件的质量、寿命及性能。因此，选购电源一般以品牌大、质量重、认证齐全、风扇运转良好、电源接口丰富为佳。电源如图 1-2-12 所示。

图 1-2-11　计算机机箱　　　　　　　　　　　　图 1-2-12　电源

9. 各种板卡与其他外部设备

计算机常见的板卡包括显卡、声卡、网卡。显卡与声卡的外观如图 1-2-13 所示。各种外部设备包括打印机、音箱、扫描仪、摄像头、数码相机等，打印机与音箱的外观如图 1-2-14 所示。这些设备的出现大大方便了用户的工作和生活，使得计算机的使用价值越来越大。

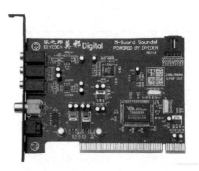

图 1-2-13　显卡与声卡的外观

图 1-2-14　打印机与音箱的外观

活动三　计算机软件系统组成

相对于硬件而言，软件是计算机的灵魂。软件是一系列按照特定顺序组织的计算机数据和指令的集合，分为系统软件和应用软件。用户主要通过软件与计算机进行交流。没有安装软件的计算机称为"裸机"，无法完成任何工作。

1. 系统软件

系统软件是无须用户干预的各种程序的集合，其主要功能是对整个计算机系统进行调度、管理、监视及服务等。系统软件分为操作系统、语言处理程序、系统管理与服务软件。

（1）操作系统。操作系统是控制和管理计算机硬件和软件资源，用尽量合理有效的方法组织多个用户共享多种资源的程序集合。它是计算机系统中最基本的系统软件，是用户和计算机硬件之间的接口。操作系统的主要功能有：处理机管理、存储器管理、设备管理、文件管理和用户接口管理。操作系统的主要特征为并发性、共享性、不确定性、虚拟性。常用的操作系统有 Windows、MacOS、华为鸿蒙（HarmonyOS）、银河麒麟（KylinOS）等。

（2）语言处理程序。语言处理程序一般是由汇编程序、编译程序、解释程序和相应的操作程序等组成的。它是为用户设计的编程服务软件，其作用是将高级语言源程序翻译成计算机能识别的目标程序。语言处理程序包括机器语言、汇编语言和高级语言。

（3）系统管理与服务软件。系统管理与服务软件包括数据库管理系统、实用工具服务软件等。数据库和数据管理软件一起组成数据库管理系统。实用工具服务软件是由诊断软件、调试开发工具、文件管理专用工具、网络服务程序等组成的。

2. 应用软件

应用软件是在系统软件的支持下，为解决某个实际问题或应用目的设计编制的程序及相关文档。计算机软件已发展壮大成为一个巨大的产业，其应用覆盖了生产、生活的方方面面，表 1-2-1 列举了一些常用应用软件。

表 1-2-1　一些常用的应用软件

种　类	常用的应用软件
办公应用	WPS Office、Microsoft Office
平面设计	Photoshop、CorelDraw、Illustrator
动画制作	Macromedia Flash、3DMAX、MAYA
通信工具	QQ、微信、钉钉
下载工具	迅雷、快车、BT 下载
视频娱乐	暴风影音、爱奇艺视频、优酷

续表

种 类	常用的应用软件
网站开发	Dreamweaver、FrontPage
视频编辑	Adobe Premier、After Effects、会声会影
程序设计	Visual Studio、Java、.Net、Visual C++

活动四 计算机工作原理

计算机的工作原理可以概括为存储程序，逐条执行。这个设计思想是于 1946 年由美籍匈牙利数学家冯·诺依曼明确提出并付诸实现的。冯·诺依曼提出将数据和程序用二进制形式的 0、1 代码串表示，并把它们存放到计算机中一个称为存储器的装置中，需要时可以把它们读出来，由程序控制计算机的操作。计算机按一定的顺序逐条执行程序的指令，其间不必人工干预，因而可以实现自动高速运算。此外，只要输入不同的程序和数据，就可以让计算机做不同的工作，即可以通过改变程序来改变计算机的行为。这就是所谓的"程序控制工作方式"，也是计算机与其他信息处理机（如计算器、电报机、电话机、电视机等）的根本区别。

按照冯·诺依曼的设计思想，计算机硬件系统由运算器、存储器、控制器、输入设备和输出设备组成，计算机的工作原理如图 1-2-15 所示。各部件在控制器的控制下协调一致地工作，工作过程为：原始数据和程序在控制器的指挥下，由输入设备送入存储器；运算器运算时，从存储器中取出数据，运算完毕再将结果存入存储器或者传送到输出设备输出；从存储器中取出的指令由控制器根据指令的要求发出控制信号控制其他部件协调工作。

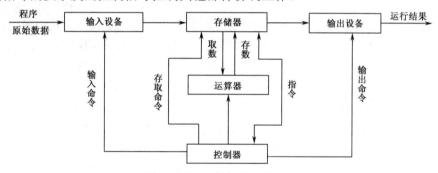

图 1-2-15 计算机的工作原理

活动五 计算机系统主要技术指标

不同用途的计算机有不同的衡量指标，通常衡量计算机性能的好坏主要使用以下几项技术指标。

（1）位数。计算机的位数也叫字长，是指处理器一次运算所能处理的二进制数的位数。计算机有 8 位、16 位、32 位、64 位之分，位数越高，处理器一次能处理的信息就越多。

（2）运算速度。运算速度是衡量 CPU 工作快慢的指标，一般以每秒处理多少条指令来度量。其单位是 MIPS（百万条指令每秒）和 BIPS（十亿条指令每秒），当今计算机的运算速度可达每秒万亿次以上。

（3）主频。主频指计算机 CPU 的时钟频率，单位是 MHz（兆赫兹）。主频越高，计算机的运算能力就越高。

（4）字长。字长指计算机一次能并行处理的二进制位数，字长总是 8 的整数倍，通常微型计算机的字长为 16 位（早期）、32 位、64 位。一般来说，字长越长，其运算精度就越高。

（5）内存容量。内存容量指计算机的内存所能容纳信息的字节数。内存越大，它所能存储的数据和运行的程序就越多，程序运行的速度就越快。

（6）存取周期。存取周期指存储器进行一次完整读写操作所需要的时间，也就是存储器进行连续读写操作所允许的最短时间间隔。存取周期越短，意味着读写的速度越快。

任务三 计算机的数制与信息表示

在计算机内部，一切信息包括数值、字符、指令等的存放、处理的传输均采用二进制编码的形式表示。二进制电路简单，只有 0 和 1 两种状态。0 表示低电平，1 表示高电平，二进制的运算规则简单。采用二进制表示信息，物理器件更容易实现、成本低、可靠性高和通用性强。

活动一 计算机中的数制

1. 十进制
日常生活中最常见的是十进制。十进制计数的特点是"逢十进一"（"借一当十"），用十个不同的符号来表示：0、1、2、3、4、5、6、7、8、9。

2. 八进制
八进制计数的特点是"逢八进一"（"借一当八"），八进制数采用八个不同的符号表示：0、1、2、3、4、5、6、7。

3. 十六进制
十六进制的特点是"逢十六进一"，十六进制数采用 0～15，共 16 个符号来表示。为方便起见，十六进制数 10、11、12、13、14、15 分别可用 A、B、C、D、E、F，6 个英文字母（也可以用小写的 a、b、c、d、e、f 这 6 个英文字母）来表示。

4. 二进制
二进制的特点是"逢二进一"（"借一当二"），二进制数只可用两个数字"0"和"1"计数。也就说，二进制中所有的数据都只能由"0""1"的组合来实现。

"基数"和"位权"是进位计数制的两个要素。

所谓基数，就是进位计数制的每位数上可能有的数码的个数。例如，十进制数每位上的数码有 0～9 十个数码，所以基数为 10。

所谓位权，是指一个数值的每一位上的数字的权值大小。例如，十进制数 1234 从低位到高位的位权分别为 10^0、10^1、10^2、10^3。因为 $1234=1\times10^3+2\times10^2+3\times10^1+4\times10^0$。

二进制的基数为 2，使用两个数码（0、1）表示数。低位向高位进位的规则是"逢二进一"。写成通式，一个二进制整数表示的数值为

$$N_2=a_n\times2^n+a_{n-1}\times2^{n-1}+\cdots+a_1\times2^1+a_0\times2^0=\sum_{i=0}^{n}a_i\times2^i$$

其中，2^i 为第 i 项的权值，a_i 为数码 0～1 中的一个。

八进制的基数为 8，使用 8 个数码（0～7）表示数。低位向高位进位的规则是"逢八进一"。写成通式，一个八进制整数表示的数值为

$$N_8=a_n\times8^n+a_{n-1}\times8^{n-1}+\cdots+a_1\times8^1+a_0\times8^0=\sum_{i=0}^{n}a_i\times8^i$$

其中，8^i 为第 i 项的权值，a_i 为数码 0～7 中的一个。

十六进制的基数为 16，使用 16 个数码（0～9、A～F）表示数。这里借用 A、B、C、D、E、F 分别代表十进制中的 10、11、12、13、14、15。低位向高位进位的规则是"逢十六进一"。写成通式，一个十六进制整数表示的数值为

$$N_{16}=a_n\times16^n+a_{n-1}\times16^{n-1}+\cdots+a_1\times16^1+a_0\times16^0=\sum_{i=0}^{n}a_i\times16^i$$

其中，16^i 为第 i 项的权值，a_i 为数码 0～9 和 A～F 中的一个。

活动二　计算机中常用数制间的转换

1. 二进制、八进制和十六进制数转换为十进制数

转换方法：按权展开求和。

例如：$(1101)_2=1\times2^3+1\times2^2+0\times2^1+1\times2^0=(13)_{10}$

2. 十进制数转换为二进制、八进制和十六进制数

转换方法：十进制数转换成 R 进制数采用除 R 取余法。

例如：$(125)_{10}=(175)_8$

```
8 │ 125
8 │  15  ·····················余5（低位）
8 │   1  ·····················余7
      0  ·····················余1（高位）
```

3. 二进制数和八进制数的相互转换

由于 2 和 8 的关系为 $2^3=8$，因此 1 位八进制数相当于 3 位二进制数，因此转换起来比较容易。具体的转换方法是从小数点开始，分别向左、右两边每 3 位一组，每组用对应的 1 位八进制数表示即可。其中小数点左边不足 3 位的在其左边加 0 补齐，小数点右边不足 3 位的在其右边加 0 补齐，这种方法叫"三位一并法"。

例如：$(1001011110.11)_2=(1136.6)_8$

$$\underline{001}\quad\underline{001}\quad\underline{011}\quad\underline{110}\ .\ \underline{110}\qquad\text{（高、低位各补1个0）}$$
$$\downarrow\qquad\downarrow\qquad\downarrow\qquad\downarrow\qquad\downarrow$$
$$1\qquad1\qquad3\qquad6\ .\ 6$$

4. 二进制数和十六进制数的相互转换

由于 2 和 16 的关系为 $2^4=16$，1 位十六进制数相当于 4 位二进制数，因此二进制数转换成十六进制数的转换方法是从小数点开始，分别向左、右两边每 4 位一组，每组用对应的 1 位十六进制数表示即可。其中小数点左边不足 4 位的在其左边加 0 补齐，小数点右边不足 4 位的在其右边加 0 补齐，这种方法叫"四位一并法"。

例如：$(0111100110111110.111)_2=(79BE.E)_{16}$

$$\underline{0111}\quad\underline{1001}\quad\underline{1011}\quad\underline{1110}\ .\ \underline{1110}\qquad\text{（高、低位各补1个0）}$$
$$\downarrow\qquad\downarrow\qquad\downarrow\qquad\downarrow\qquad\downarrow$$
$$7\qquad9\qquad B\qquad E\ .\ E$$

计算机中各进制数之间的转换关系如表 1-3-1 所示。

表 1-3-1 各进制数之间的转换关系

十 进 制	二 进 制	八 进 制	十 六 进 制
0	0000	0	0
1	0001	1	1
2	0010	2	2
3	0011	3	3
4	0100	4	4
5	0101	5	5
6	0110	6	6
7	0111	7	7
8	1000	10	8
9	1001	11	9
10	1010	12	A
11	1011	13	B
12	1100	14	C
13	1101	15	D
14	1110	16	E
15	1111	17	F

活动三 计算机数据存储的单位

一般来说，计算机常用的数据存储单位有以下几种。

（1）位（bit）。位是计算机表示数据信息的最小单位，它表示一个二进制的数位，每个 0 或 1 就是一个位。

（2）字节（Byte）。字节是表示信息存储容量最基本的单位，一个字节由 8 位二进制数组成，简记为 B，1Byte=8bit。

除了位和字节，常用的存储单位还有千字节（KB）、兆字节（MB）、千兆字节（GB）和千千兆字节（TB）等，它们之间的换算关系如下：

$1KB=2^{10}B=1024B$

$1MB=2^{10}KB=1024KB$

$1GB=2^{10}MB=1024MB$

$1TB=2^{10}GB=1024GB$

（3）字（Word）。字即字长，在计算机中作为一个独立的信息单位处理。不同的机器类型，字长不同，常用的字长有 8 位、16 位、32 位和 64 位等。

活动四 字符和汉字的编码

计算机使用的字符包括英文字母、标点符号、特殊符号和数字。计算机并不认识所使用的字符，必须将它们用 0、1 数码串表示才能被计算机接收及处理，这一过程称为编码。

目前国际上采用美国标准信息交换代码表示英文字母、标点符号和阿拉伯数字等，全称为 American Standard Code of Information Interchange，简称 ASCII 码。ASCII 码用 7 位二进制代码表示一个字符。实际使用时每个符号占 1 字节的存储空间，字节最高（左）位为 0。

计算机对非数值数据进行排序时，是根据符号的 ASCII 码值比较大小的。因此，需要了解 ASCII 码的基本编码规律。例如，数字的 ASCII 码值小于大写英文字母的 ASCII 码值，大写英文字母的 ASCII 码值小于小写英文字母的 ASCII 码值，英文字母的 ASCII 码则按照字母顺序从小到大编排等。要注意，数码的 ASCII 码值并没有数值的意义，而是将数码作为符号来处理，因此，其编码与数码的二进制数据是不同的。ASCII 编码如表 1-3-2 所示。

表 1-3-2　ASCII 编码

H L	0000	0001	0010	0011	0100	0101	0110	0111
0000	NUL	DLE	SP	0	@	P	`	p
0001	SOH	DC1	!	1	A	Q	a	q
0010	STX	DC2	"	2	B	R	b	r
0011	ETX	DC3	#	3	C	S	c	s
0100	EOT	DC4	$	4	D	T	d	t
0101	ENQ	NAK	%	5	E	U	e	u
0110	ACK	SYN	&	6	F	V	f	v
0111	BEL	ETB	,	7	G	W	g	w
1000	BS	CAN	)	8	H	X	h	x
1001	HT	EM	(	9	I	Y	i	y
1010	LF	SUB	*	:	J	Z	j	z
1011	VT	ESC	+	;	K	[	k	{
1100	FF	FS	'	<	L	\	l	|
1101	CR	GS		=	M	]	m	}
1110	SO	RS	.	>	N	^	n	~
1111	SI	US	/	?	O	_	o	DEL

ASCII 码只对英文字母、数字和标点符号做了编码。为了用计算机处理汉字，同样也需要对汉字进行编码。从汉字编码的角度看，计算机对汉字信息的处理过程实际上是各种汉字编码间的转换过程。这些编码主要包括汉字输入码、汉字内码、汉字字模码、汉字地址码及汉字信息交换码等。

（1）汉字信息交换码（国标码）。汉字信息交换码（国标码）是用于汉字信息处理系统之间或者与通信系统之间进行信息交换的汉字代码，简称交换码，也叫国标码。它是为使系统、设备之间信息交换时采用统一的形式而制定的。1981 年我国颁布了国家标准 GB2312—1980《信息交换和汉字编码字符集》，给出了汉字编码的国家标准。

（2）汉字输入码。为了能直接使用英文标准键盘把汉字输入到计算机中，必须为汉字设计相应的输入编码方法，称为汉字输入码。

（3）汉字内码。汉字的内码是供计算机系统内部处理、存储和传输时使用的信息代码。目前使用最广泛的汉字内码是国标码。

（4）汉字字模码。字模码是用点阵表示的汉字字型代码，它是汉字的输出形式。为了将汉字的字型显示输出，汉字信息处理系统还需要配有汉字字模库，也称字型库。

 **项目训练**

1. 1946 年诞生的世界上第一台电子计算机是（　　　）。
   A．ENIAC　　　　B．APPLE　　　　　C．UNIVAC-I　　　　D．IBM-7000

2. 第 4 代电子计算机使用的电子元件是（　　　）。
   A．晶体管　　　　　　　　　　　　B．电子管
   C．中、小规模集成电路　　　　　　D．大规模和超大规模集成电路

3. 二进制数 1010.101 对应的十进制数是（　　　）。
   A．11.33　　　　　B．10.625　　　　　C．12.755　　　　D．16.75

4. 十进制整数 100 转换为二进制数是（　　　）。
   A．1100100　　　　B．1101000　　　　C．1100010　　　　D．1110100

5. 二进制数 110000 转换成十六进制数是（　　　）。
   A．77　　　　　　B．D7　　　　　　　C．7　　　　　　D．30

6. 与十六进制数 26CE 等值的二进制数是（　　　）。
   A．011100110110010　　　　　　　B．0010011011011110
   C．10011011001110　　　　　　　　D．1100111000100110

7. 两个软件都属于系统软件的是（　　　）。
   A．DOS 和 Excel　　　　　　　　　B．DOS 和 UNIX
   C．UNIX 和 WPS　　　　　　　　　D．Word 和 Linux

8. 计算机的存储系统通常包括（　　　）。
   A．内存和外存　　　　　　　　　　B．软盘和硬盘
   C．ROM 和 RAM　　　　　　　　　D．内存和硬盘

9. 下列关于字节的叙述中，正确的一条是（　　　）。
   A．字节通常用英文单词"bit"来表示，有时也可以写作"b"
   B．目前广泛使用的 Pentium 机其字长为 5 字节
   C．计算机中将 8 个相邻的二进制位作为一个单位，这种单位称为字节
   D．计算机的字长并不一定是字节的整数倍

10. 计算机按照处理数据的形态可以分为（　　　）。
    A．巨型机、大型机、小型机、微型机和工作站
    B．286 机、386 机、486 机、Pentium 机
    C．专用计算机、通用计算机
    D．数字计算机、模拟计算机、混合计算机

11. 计算机最小的数据存储单位是（　　　）。
    A．位　　　　　　B．字长　　　　　C．帧　　　　　D．米

项目二 Windows 10 操作系统

操作系统是计算机最基本的系统软件，是控制和管理计算机中所有软、硬件资源的一组程序。它为用户提供了一个方便、有效、友好的使用环境。

微软公司（Microsoft）开发的操作系统 Windows，因其友好的用户界面在其面世之初就赢得了多数用户的欢迎，逐渐占领了微型计算机操作系统的市场。Windows 10 进行了重大变革，不仅延续了 Windows 家族的优点，更在系统特色上下足了功夫，为用户带来了更多新的体验。Windows 10 在易用性和安全性方面有了极大的提升，除了针对云服务、智能移动设备、自然人机交互等新技术进行融合外，还对固态硬盘、生物识别、高分辨率屏幕等硬件进行了优化完善与支持。

任务一 初识 Windows 10

本任务主要学习自定义桌面背景、设置任务栏和开始菜单、创建和管理用户账户、设置时间日期、设置输入法、卸载程序、控制面板的使用等。

活动一 定制 Windows 10 工作环境

桌面就是用户启动计算机登录到操作系统后看到的整个屏幕，如图 2-1-1 所示，Windows 10 的桌面是 Windows 10 的主控窗口，Windows 10 的所有操作都是从桌面开始的。Windows 10 的桌面由图标、桌面背景、"开始"按钮、快速启动栏和任务栏组成。

1. 图标

图标是表示某个对象的小图案，桌面上的一个图标代表一个对象，可以是一个磁盘根目录、文件夹、文件或者程序。图标一般由文字和图片组成，文字说明图标的名称或功能，图片是图标的标识符。它包括图标和快捷方式图标，如图 2-1-2 所示。

图 2-1-1 Windows 10 的桌面

图 2-1-2 图标和快捷方式图标

单击某个图标表示选定该对象；双击某个图标可以启动该对象，实现某项系统功能，或运行某个应用程序，或打开其代表的文件和文件夹。右击图标将弹出快捷菜单，可对列出的命令做出选择。

（1）添加系统图标。

刚安装完 Windows 10 操作系统后，桌面上只有一个"回收站"图标，它是 Windows 10 操作系统安装后，自动在桌面上建立的系统图标，用户可根据需要添加其他的系统图标（例如"此电脑""控制面板""网络""用户的文件"等）。

① 右击桌面空白处，选择"个性化"命令，打开"设置"窗口，如图 2-1-3 所示。

② 依次选择"主题""桌面图标设置"命令，打开"桌面图标设置"对话框，根据需要选中"计算机""用户的文件""控制面板""网络""回收站"复选框，如图 2-1-4 所示。

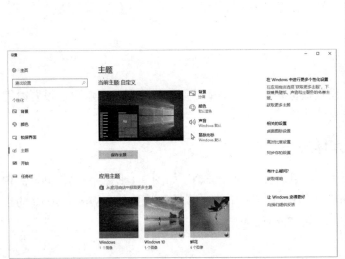

图 2-1-3　个性化"设置"窗口

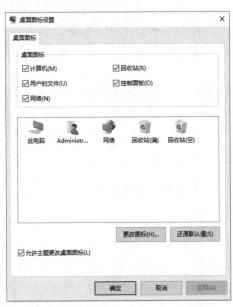

图 2-1-4　"桌面图标设置"对话框

③ 单击"确定"按钮，添加的图标将显示在桌面的左边。

（2）添加桌面快捷方式图标。

用户也可以在桌面上为某个程序或者文件创建图标，称为快捷方式图标。双击快捷方式图标可以快捷地启动程序，因此，每个用户的 Windows 10 桌面上的图标会因为用户安装的软件不同而有所不同。

① 右键单击图标，选择"发送到"→"桌面快捷方式"命令，如图 2-1-5 所示。

② 也可以通过在桌面空白处右击，在弹出的快捷菜单中选择"新建"→"快捷方式"命令，如图 2-1-6 所示。

弹出"创建快捷方式"对话框，如图 2-1-7 所示，单击"浏览"按钮，找到并选定所需的程序。

图 2-1-5 从右键快捷菜单添加快捷方式图标

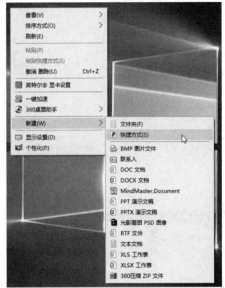

图 2-1-6 在桌面上添加 "Word" 程序的
快捷方式

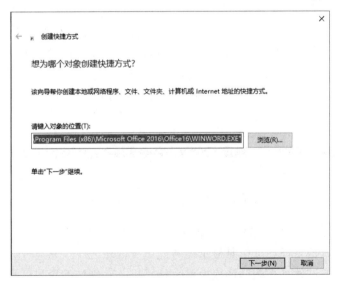

图 2-1-7 "创建快捷方式" 对话框

2. 自定义桌面背景

用户可根据自己的喜好随意更换。

右击桌面空白处，在打开的快捷菜单中选择 "个性化" 命令，打开 "设置" 窗口，如图 2-1-8 所示。在这里可以选择所需的图片，调整图片的契合度。

图 2-1-8　自定义桌面背景

图 2-1-9　"查看"子菜单

3. 查看桌面

桌面图标和桌面工具的排列、添加等是日常工作中使用频率很高的操作。

（1）右击桌面空白处，在弹出的快捷菜单中选择"查看"命令，显示级联菜单，如图 2-1-9 所示。

（2）"查看"的级联菜单中包含了多种设置桌面图标的命令，根据需要选择设置内容。如要隐藏桌面图标，可以取消选中"显示桌面图标"复选框。

4. 自定义任务栏和开始菜单

任务栏位于桌面的最下方，主要由"开始"按钮、"搜索"按钮、"任务视图"按钮、应用程序区域、通知区域和"显示桌面"按钮等组成，如图 2-1-10 所示。

"搜索"　应用程序区域　　　　　　　　　　　　　　　　　　　　通知区域

"开始"按钮　　"任务视图"　　　　　　　　　　　　　　　　　　"显示桌面"按钮

图 2-1-10　Windows 10 的任务栏

"开始"按钮在屏幕左下角，它是通过菜单方式完成所有任务的出发点，相当于程序控制的总控菜单。应用程序区域是多任务工作时显示任务的主要区域之一，它存放大部分正在运行的程序窗口。而通知区域则通过各种小图标形象地显示计算机、软硬件的重要信息与杀毒软件的动态，通知区域的右侧是"显示桌面"按钮。

（1）右击任务栏空白处，在弹出的快捷菜单中选择"任务栏设置"命令，打开"设置"对话框，在此可以调整任务栏的位置、设置自动隐藏任务栏、在任务栏中使用小图标等，如图 2-1-11 所示。

（2）调整"开始"菜单大小。单击"开始"按钮，即可打开"开始"菜单。我们可以将鼠标放在开始菜单的边缘，来调节开始菜单的大小；还可以将一些常用的应用固定在开始菜单的磁贴中，让桌面更加整洁。

（3）将程序固定到"开始"屏幕。右键单击"开始"菜单列表中的某个应用程序，选择"固定到开始屏幕"，如图 2-1-12 所示，该应用程序作为磁贴固定到"开始"屏幕中。右键单击磁贴，选择"从'开始'屏幕取消固定"即可取消磁贴，如图 2-1-13 所示。

图 2-1-11　设置任务栏

图 2-1-12　将程序固定到"开始"屏幕

（4）将程序固定到任务栏。

在 Windows 10 操作系统中可以将程序固定到任务栏，使用时单击任务栏上该图标，可快速打开程序。在开始菜单的应用列表中单击鼠标右键，选择"更多"→"固定到任务栏"；若程序已经打开，在任务栏中右击该程序图标，选择"固定到任务栏"命令，该应用程序的图标会固定到任务栏中。在任务栏中右击应用程序的图标，选择"从任务栏取消固定"命令可删除该图标，如图 2-1-14 所示。

图 2-1-13　将程序从"开始"屏幕中取消

图 2-1-14　删除固定到任务栏中的图标

活动二　Windows 设置

Windows 10 操作系统将基本的系统设置放在"设置"面板中，比如调整日期和时间、设置输入法、管理用户账户、卸载软件、设备的属性设置等。

1. 调整日期和时间

在 Windows 10 操作系统桌面的右下角显示有系统的日期和时间，如果日期和时间显示不正确，用户可以调整设置。

（1）选择"开始"→"设置"⚙命令，打开"设置"窗口，如图 2-1-15 所示。

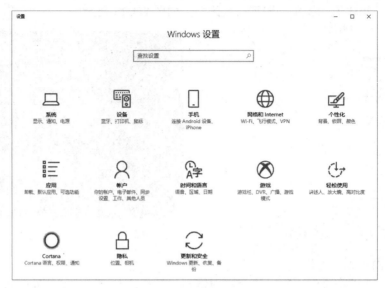

图 2-1-15　"设置"窗口

（2）依次选择"时间和语言"→"其他日期、时间和区域设置"→"设置时间和日期"→"更改日期和时间"，打开"日期和时间设置"对话框按需设置即可，如图 2-1-16 所示。

图 2-1-16　"日期和时间设置"对话框

2. 设置输入法

（1）添加输入法。打开"设置"窗口，选择"时间和语言"→"区域和语言"选项，在"区域和语言"界面中，单击"中文"按钮，在弹出的下拉框中选择"选项"，如图 2-1-17 所示。

在打开的中文设置界面中单击"添加键盘"，在弹出的列表中把我们安装好的输入法添加进来，如图 2-1-18 所示。完成后，选中我们不想要的输入法，在弹出的下拉框中，单击"删除"，只保留我们想要的输入法，如图 2-1-19 所示。

图 2-1-17　"区域和语言"对话框

图 2-1-18　添加安装好的输入法

图 2-1-19　删除输入法

（2）输入法的切换。单击任务栏上的输入法指示器图标，在弹出的菜单中选择输入方法。或者按 Ctrl+Shift 快捷键，可在已安装的输入法之间进行切换。按 Ctrl+空格快捷键，可以进行英文输入法和中文输入法的切换。按 Shift+空格快捷键，可以进行全角和半角的切换。

3. 用户账户管理

一台计算机通常允许多人进行访问，如果每个人都可以随意更改文件，计算机将会显得很不安全。Windows 10 操作系统允许添加账户和删除账户，为每个账户设置具体的使用权限。

（1）创建账户的头像。打开"设置"窗口，选择"账户"选项，如图 2-1-20 所示，在"创建你的头像"区域单击"相机"或"通过浏览方式查找一下"，选择合适的图片作为头像。

（2）创建新用户。选择"其他人员"→"将其他人员添加到这台电脑"选项，打开"本地用户和组"窗口，单击"用户"查看，中间区域显示本地所有的用户账户信息，如图 2-1-21 所示，右击，选择"新用户"命令，如图 2-1-21 所示。在打开的"新用户"对话框中输入新用户信息后，单击"创建"按钮即可，如图 2-1-22 所示。

（3）返回"设置"窗口，可以看到新建的账户，如图 2-1-23 所示。单击"删除"按钮可以删除该账户。

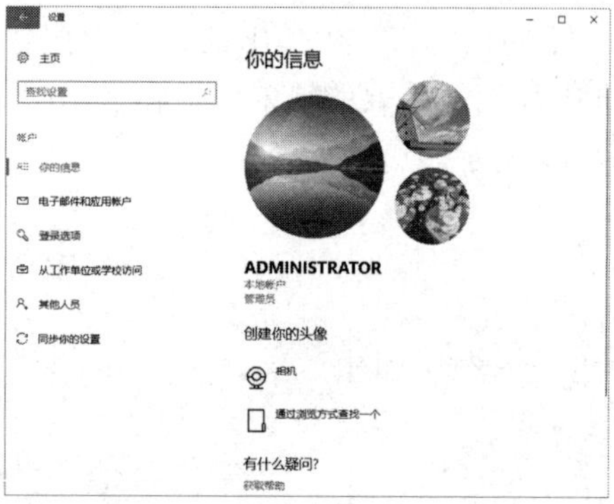

图 2-1-20　创建账户头像

图 2-1-21　创建"新用户"

图 2-1-22　在"新用户"对话框中输入信息

图 2-1-23　新建的账户

4. 卸载程序

在"设置"窗口中选择"应用"选项，如图 2-1-24 所示，在窗口右侧的相关设置区域单击"应用和功能"，打开"应用和功能"对话框，如图 2-1-25 所示。从列表中选择需要卸载的程序，然后单击"卸载/更改"即可。

图 2-1-24　应用和功能"设置"窗口

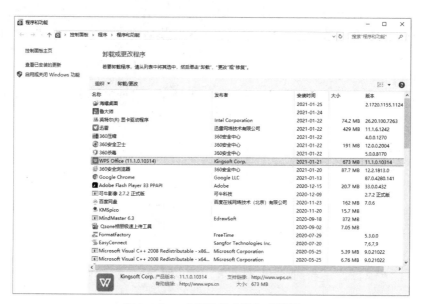

图 2-1-25　"应用和功能"对话框

任务二　管理计算机中的资源

活动一　了解"此电脑"窗口

桌面上的"此电脑"图标是用来管理 Windows 10 操作系统资源最重要的工具，也是用户使用最多的资源管理工具。

1. "此电脑"窗口

双击桌面上的"此电脑"图标，打开"此电脑"窗口，如图 2-2-1 所示，窗口分成两个窗格。

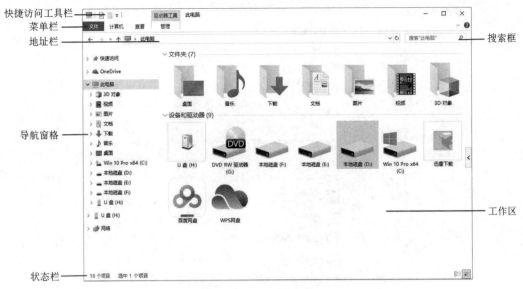

图 2-2-1 "此电脑"窗口

单击导航窗格中"此电脑"前面的折叠按钮，可以展开或折叠本机的其他资源，其中包含了多个磁盘、可移动硬盘和光盘等，当展开导航窗格中的某个目录之后，在右边窗格的工作区域中显示相应的内容。

2. 改变对象的显示方式

在"查看"菜单中选择需要的模式，如图 2-2-2 所示，可选的模式有"超大图标""大图标""中等图标""小图标""列表""详细信息""平铺""内容"等。

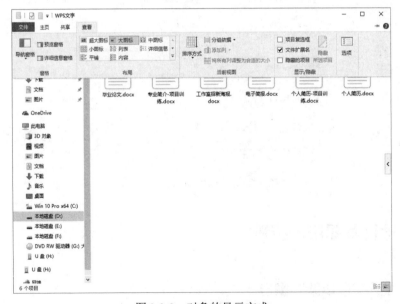

图 2-2-2 对象的显示方式

3. 改变对象的排列显示方式

选择"查看"→"排序方式"命令，在列表中选择需要的排序方式，如图 2-2-3 所示。

4. 查看上一级目录

单击地址栏中的某个项目名称，即可查看其中的内容。

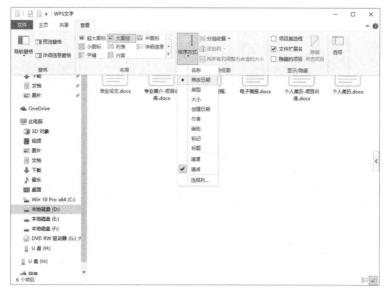

图 2-2-3　对象的排序方式

活动二　文件与文件夹

文件名通常由主文件名和扩展名两部分组成，中间由小圆点间隔，一个完整的文件名可以用"主文件名.扩展名"表示。主文件名即文件的名称，扩展名表示文件的类型，如"个人简历.docx"，其主文件名为"个人简历"，扩展名为".docx"。在 Windows 10 操作系统中，同一种类型的文件具有相同的图标。常用的文件类型和扩展名如表 2-2-1 所示。

表 2-2-1　常用的文件类型和扩展名

扩展名	文件类型	扩展名	文件类型
.docx、.doc、.xls、.xls、.pptx、.ppt	Office 文档	.rar、.zip	压缩文件
.txt	文本文件	.mp3、.awv、.wma、.mid	声音文件
.fon、.ttf	字体文件	.avi、.rm、.flv、.mov、.mpeg	视频文件
.jpeg、.bmp、.gif、.tif	图像文件	.swf	Flash 动画文件
.exe、.com、.bat、.sys	可执行文件	.html	网页文件
.pdf	PDF 文件	.dll	动态链接库文件

在 Windows 10 操作系统中以文件夹的形式组织文件，文件一般存储在文件夹中，文件夹又可以存储在其他文件夹中，形成一种树形层次结构。在计算机中文件所在的位置可以使用"路径+文件名"来表示，例如，D 盘"T007"文件夹下的"个人简历.docx"文件可以表示为"D:\T007\个人简历.docx"。文件和文件夹的命名规则如下。

（1）文件名和文件夹名最多由 255 个字符组成。文件名一般可以由字母、数字、汉字（一个汉字相当于两个英文字符）和下画线组成，不能包含?、*、/、\、<、>等特殊字符。

（2）文件名和文件夹名不区分字母的大小写。

（3）文件夹通常没有扩展名。

（4）在同一个存储位置不能有命名完全相同的文件或文件夹。

（5）在 Windows 10 中引入了两种通配符："?"和"*"。其中，"?"表示任意一个字符，"*"

表示一个任意长度的字符串，当用户进行文件或文件夹搜索时，可以使用通配符来表示一类或一组文件或文件夹。

1. 创建文件或文件夹

（1）使用"主页"菜单创建。打开"此电脑"，选定需要新建文件夹所在的文件夹，选择"主页"菜单，在弹出的功能区中单击"新建项目"按钮，在下拉列表中选择新建的文件类型或文件夹，如图 2-2-4 所示。

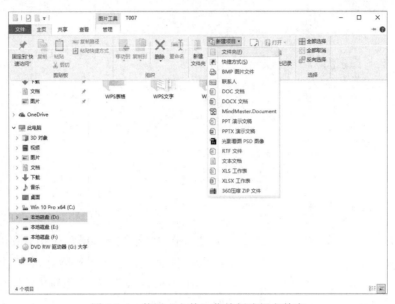

图 2-2-4　使用"文件"菜单创建新文件夹

（2）使用右键快捷菜单创建。右键单击文件夹右窗格中的任意空白处，在弹出的快捷菜单中选择"新建"→"文件夹"命令，如图 2-2-5 所示。

图 2-2-5　使用快捷菜单创建新文件夹

（3）使用快捷访问工具栏中的按钮。单击"此电脑"窗口左上角的快捷访问工具栏中的"新建文件夹"按钮，输入新文件夹名即可，如图 2-2-6 所示。

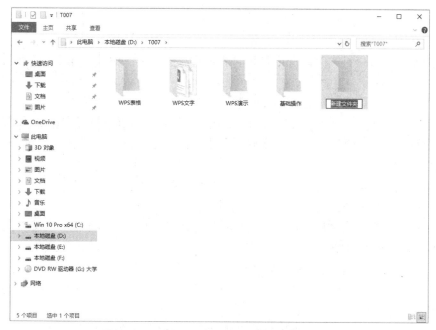

图 2-2-6　使用工具栏中的按钮创建新文件夹

2．选定文件夹或文件

（1）选定单个对象。单击所选的文件夹或文件，被选定的对象以蓝底反白显示。

（2）选定连续的多个对象。单击要选定的第一个文件夹或文件，按住 Shift 键并单击最后一个对象。或者，按住鼠标左键拖出一个矩形框，直到矩形框住所要选定的连续对象。

（3）选定不连续的多个对象。按住 Ctrl 键，逐一单击所选对象。

（4）选定全部对象。单击"主页"菜单中的"全部选择"按钮或按 Ctrl+A 组合键。

（5）取消选定的对象。用鼠标在文件夹右窗格中任意空白处单击即可取消已经选定的对象。

3．复制文件夹或文件

（1）使用"主页"菜单。选定要复制的一个或多个对象，单击"主页"菜单中的"复制"按钮，打开目标文件夹，选择"主页"→"粘贴"按钮。或者在"主页"菜单中选择"复制到"→"选择位置"命令。

（2）使用快捷键。选定要复制的一个或多个对象，按 Ctrl+C 组合键，打开目标文件夹，按 Ctrl+V 组合键。

（3）使用右键快捷菜单。选定要复制的一个或多个对象，右键单击这些对象，在弹出的快捷菜单中选择"复制"命令，打开目标文件夹，在空白处右击，选择快捷菜单中的"粘贴"命令。

（4）使用鼠标左键拖动。选定要复制的一个或多个对象，按住 Ctrl 键，用鼠标左键将选定的对象拖到目标文件夹中。

（5）使用鼠标右键拖动。选定要复制的一个或多个对象，用鼠标右键将选定的对象拖动到目标文件夹中，松开鼠标右键，弹出一个快捷菜单，选择菜单中的"复制到当前位置"命令。

4．移动文件夹或文件

移动文件夹或文件的方法与复制文件夹或文件的方法类似，稍作变动即可，具体变动如下。

（1）将复制文件夹或文件方法（1）、（3）中的"复制"替换为"剪切"。

（2）将复制文件夹或文件方法（2）中的 Ctrl+X 组合键替换为 Ctrl+C 组合键。

（3）在复制文件夹或文件方法（4）中，放开 Ctrl 键直接用鼠标左键拖动对象。

（4）在复制文件夹或文件方法（5）中，将"移动到当前位置"替换为"复制到当前位置"。

5. 删除文件夹或文件

（1）直接使用 Delete 键删除。选定要删除的对象，按 Delete 键，在弹出的"删除文件夹"对话框中单击"是"按钮。

（2）使用"主页"菜单。选定要删除的对象，选择"主页"→"删除"命令。

（3）使用快捷菜单。选定要删除的对象，右击，在弹出的选择快捷菜单中选择"删除"命令。

（4）直接拖动到"回收站"中。将要删除的对象拖动到"回收站"图标上，单击"是"按钮。

6. 重命名文件夹或文件

（1）使用"主页"菜单。选定要重命名的对象，选择"主页"→"重命名"命令，输入新的名字或将插入点定位到要修改的位置，按 Enter 键。

（2）两次单击文件夹或文件。单击重命名对象，在对象名称上再单击一次或按 F2 键，在选定的对象细线框内输入新名字或修改旧名字，按 Enter 键。

7. 文件、文件夹、磁盘属性查看及设置

（1）打开"此电脑"窗口，选定某个磁盘，单击快捷启动工具栏中的"属性"按钮，打开"本地磁盘属性"对话框，如图 2-2-7 所示。

（2）打开"此电脑"窗口，右击所要查看的文件夹，在弹出的快捷菜单中选择"属性"命令，弹出"属性"对话框，查看相应信息，如图 2-2-8 所示。

（3）打开"此电脑"窗口，选择所要查看的文件，可显示文件的详细信息，如图 2-2-9 所示。单击"主页"菜单中的"属性"命令，在弹出的对话框中包含了一些文件的基本信息，如文件类型、位置、大小及创建的时间，以及文件属性，如图 2-2-10 所示。文件的类型不同，其属性对话框也会有所不同。

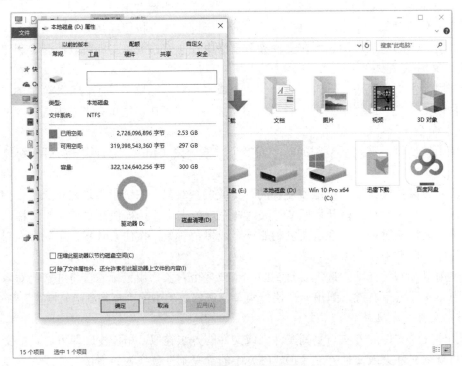

图 2-2-7　查看磁盘的详细信息

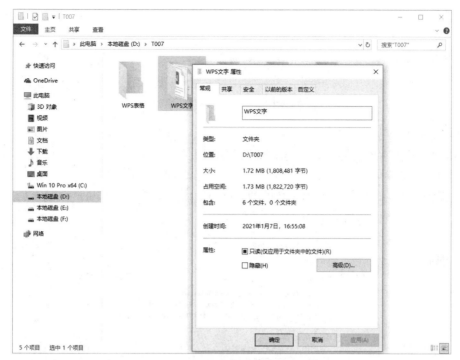

图 2-2-8 查看文件夹的详细信息

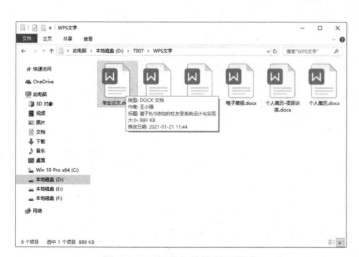

图 2-2-9 查看文件的详细信息

图 2-2-10 查看文件的属性

（4）设置文件的属性。在文件属性对话框中，勾选"只读"或"隐藏"复选框，单击"确定"按钮即可。

（5）设置"隐藏"属性的文件会在文件夹中不可见，在"查看"菜单中勾选"隐藏的项目"复选框即可显示，如图 2-2-11 所示。

图 2-2-11　查看文件的属性

8. 搜索文件

Windows 10 操作系统的搜索框在资源管理器的右上角，用户需要搜索文件时直接在搜索框中输入关键字即可，非常方便。

（1）打开"此电脑"窗口，在右上角的搜索框中输入关键字，计算机会自动在所选的磁盘中进行搜索，查看搜索到的结果，如图 2-2-12 所示。

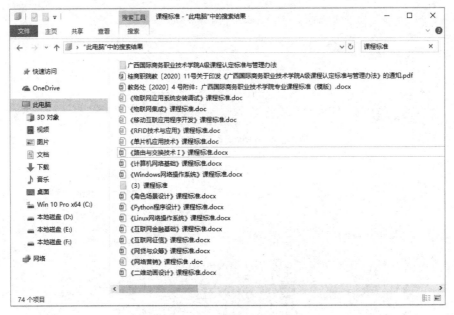

图 2-2-12　搜索结果示例

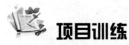 **项目训练**

一、设置桌面的外观

1. 更改桌面背景。从计算机中找到一张图片，在"个性化"中将其设置为桌面背景。

2. 调整任务栏的位置。在弹出的任务栏"设置"对话框中，取消任务栏锁定，并将任务栏移动到屏幕右侧。

3. 在"开始"菜单中设置动态磁贴。将 WPS Office 固定到"开始"屏幕。

二、控制面板的基础操作

1. 设置账户密码。在"用户账户"中设置用户新密码为"aaa"，设置成功后，再将用户密码修改为"bbb"。

2. 卸载应用程序。在"应用和功能"中卸载计算机中的 WPS Office 软件。

3. 设置日期和时间。在"日期和时间"中将计算机的系统日期、时间设置为 2021 年 1 月 1

日，21 时 36 分。

4．在 Windows 10 操作系统中添加"搜狗拼音输入法"。

三、文件及文件夹的操作

1．在 D 盘新建一个文件夹 T□（□是自己的学号最后 3 位，如 T007），打开 T□文件夹，在 T□文件夹下新建"WPS 表格""WPS 文字""WPS 演示""基础操作" 4 个子文件夹，文件夹树如图 2-3-1 所示。

图 2-3-1　文件夹树

2．在 C 盘中查找 BMP 格式的图片文件，选择查找到的一个图片文件，将它复制到"基础操作"文件夹中，重命名为"TU1"，并将此文件的属性设置为"只读"。

3．为 T□文件夹建立桌面快捷方式，并将该快捷方式固定到"开始"屏幕。

4．将"基础操作"文件夹的属性设置为"隐藏"，观察文件或文件夹的变化，最后将刚才被隐藏的文件或文件夹恢复正常。

5．将"基础操作"文件夹打包压缩成"基础操作.rar"，将"基础操作.rar"复制到桌面上，再解压缩。

6．删除桌面上的压缩文件"基础操作.rar"。

7．清空、还原回收站。在"回收站"中将删除的"基础操作.rar"还原，并清空回收站。

项目三　计算机网络基础与 Internet 应用

随着计算机网络技术的发展，特别是 Internet 网络技术的高速发展，计算机网络已应用到了社会生活中的各个领域。网络改变了人们生活、学习、工作、人际交往的方式，提高了人们的工作效率和生活水平，推动着社会进步。学习并掌握计算机网络技术是当代大学生应具有的基本技能之一。

任务一　计算机网络基础知识

计算机网络是指地理上分散的多台独立的计算机遵循约定的通信协议，通过软件、硬件互连以实现交互通信、资源共享、信息交换、协同工作及在线处理等功能的系统。本任务将重点介绍计算机网络的基础知识，帮助用户了解计算机网络的分类、常见的传输介质和网络设备，以及 Internet 的基础知识。

要构成一个完整的网络，必须具备以下条件。

（1）两台或两台以上具有独立工作能力的计算机。

（2）利用通信设备和线路构建计算机之间相互通信的传输通道。

（3）计算机之间使用统一的规则或约定（即网络协议）来交换、传递数据。

活动一　计算机网络的类别

按照计算机网络覆盖的地理范围的大小来分类，计算机网络可分为局域网、城域网和广域网。

（1）局域网（Local Area Network，LAN）：小范围内的计算机网络，其范围一般在几米到十几千米，如一个办公室、一个机房、一栋大楼、一个园区等。局域网具有组建方便、使用灵活、配置容易、传输速率高、可靠性好等特点。

（2）城域网（Metropolitan Area Network，MAN）：一个区域内的多个局域网互相连接起来的计算机网络，其规模较大，适用于大城市。其范围一般为 10 千米到 100 千米。

（3）广域网（Wide Area Network，MAN）：涉及范围较广，一般可从几千米到几万千米，它覆盖的范围广，往往包含几个城市、一个国家，甚至全球。广域网结构复杂，管理难度大。例如，Internet 就是一个广域网。

活动二　常见的传输介质和网络设备

要形成一个能进行信号传输的网络，必须有硬件设备的支持。由于网络的类型不一样，使用的硬件设备可能有所差别，总体来说，网络中的硬件设备大概有传输介质、网卡、路由器和交换机等。

1. 传输介质

传输介质是连接网络中各结点的物理通路。目前，常用的网络传输介质有双绞线电缆、同轴电缆、光纤与无线传输介质。

（1）双绞线电缆。双绞线电缆是网络系统中最常用的一种传输介质，可以传输模拟信号和数字信号。双绞线是由两根 22～26 号具有绝缘保护的铜导线按一定的密度相互缠绕组成的。相互缠绕的目的是降低信号的干扰程度。

（2）同轴电缆。同轴电缆用一条导体线传输信号，导体周围裹一层绝缘体和一层同心的屏蔽网，屏蔽层和内部导体共轴。它的特点是抗干扰能力强，传输数据稳定，价格也便宜。

（3）光纤。光纤即光导纤维，是一种传输光束的细而柔韧的介质，通常用透明的石英玻璃拉成丝，由纤芯和包层构成双层通信圆柱体。光纤是网络传输介质中性能最好、应用前途广泛的一种，与其他传输介质比较，光纤的电磁绝缘性能好、信号衰减小、频带宽、传输速度快、传输距离远、保密性强，完全满足现代网络长距离和大容量信息传输的要求。

（4）无线传输介质。常用的无线传输介质有微波、红外线、无线电、激光和卫星，它们都以空气为传输介质。无线传输介质的带宽可达到几十兆比特每秒，如微波为 45Mb/s，卫星为 50Mb/s。室内传输距离一般在 200 米以内，室外为几十千米到上千千米。

采用无线传输介质连接的网络称为无线网络，目前比较流行的有 Wi-Fi、蓝牙等技术。

2. 网卡

网卡（Network Interface Card，NIC）也称网络适配器，是计算机和计算机之间直接或间接通过传输介质相互通信的接口。网卡负责计算机主机与传输介质之间的连接、数据的发送与接收、介质访问控制方法的实现。网卡插在计算机或服务器扩展槽中，通过网络线（如双绞线电缆、同轴电缆或光缆）与网络交换数据、共享资源。网卡的好坏直接影响着用户将来的软件使用效果和物理功能的发挥。选购网卡需考虑速度、接口类型。另外，还应查看其所带驱动程序支持何种操作系统；如果用户对网速要求较高，则应考虑选择全双工的网卡；若安装无盘工作站，则需让销售商提供对应网络操作系统上的引导芯片（Boot ROM）。

网络线路与用户结点具体衔接时，根据网络类型的不同，还需要有 T 形连接器、收发器、RJ–45 连接头等。

3. 路由器

路由器（Router）是连接 Internet 中各局域网、广域网的设备，如图 3-1-1 所示。它会根据信道的情况自动选择和设定路由，以最佳路径，按前后顺序发送信号。路由器是互联网络的枢纽，已经广泛应用于各行各业，各种不同档次的产品已成为实现各种骨干网内部连接、骨干网间互联和骨干网与互联网互联互通业务的主力军。

图 3-1-1　路由器

4. 交换机

交换机也称交换式集线器，它可以为接入交换机的任意两个网络结点提供独享的电信号通路，是局域网计算机中信息传递的重要设备，如图 3-1-2 所示。

图 3-1-2　交换机

5．调制解调器

调制解调器（Modem）是一个将数字信号与模拟信号进行互相转换的网络设备。它的一端连接计算机，另一端连接电话线接入电话网，通过 Internet 服务提供商接入 Internet，不断地进行将计算机传递的数字信号转换成电话线能传输的模拟信号（调制），以及将电话线接收的模拟信号转换成计算机使用的数字信号（解调）的过程。

6．网络协议

网络上计算机之间的交换信息，需要像人们说话必须用某种语言规则一样。网络上各台计算机之间的语言规则，这就是网络协议，不同的计算机之间必须使用相同的网络协议才能进行通信。

网络协议是网络上所有设备之间通信规则的集合，它规定了通信时信息必须采用的格式和这些格式的意义。大多数网络都采用分层的体系结构，各层中存在着许多协议，接收方和发送方同层的协议必须一致，否则信息无法识别。当然，网络协议也有很多种，具体选择哪一种协议则要看情况而定，常见的网络协议有 TCP/IP 协议、IPX/SPX 协议、NetBEUI 协议等。Internet 中的计算机使用 TCP/IP 协议。

活动三　认识 Internet

1．Internet 的概念

1952 年美国建立了一套半自动地面防空系统（SAGE），它将 1000 多台终端连接到一台计算机上，实现了计算机远距离的集中控制。20 世纪 60 年代，美国国防部高级研究计划署协助开发了 ARPNET，把分布在加利福尼亚州大学洛杉矶分校、加州大学圣巴巴拉分校、斯坦福大学、犹他州大学 4 所大学的 4 台大型计算机连接起来，实现计算机之间共享资源和绕过个别结点通信。随着加入该网络结点的不断增加和 TCP/IP 协议的应用，该网络逐渐改变了原始用途，形成现代 Internet 的雏形。

Internet，中文正式译名为因特网，又称国际互联网，它是由那些使用公用语言互相通信的计算机连接而成的全球网络。因特网（Internet）是一组全球信息资源的总汇。Internet 以相互交流信息资源为目的，基于一些共同的协议，并通过许多路由器和公共互联网连接而成，它是一个信息和资源共享的集合。

2．IP 地址

借助于各种传输介质和网络设备将分布在不同地域的计算机连成网络以后，计算机之间相互通信是依靠计算机的网络地址（相当于人们的通信地址，每台计算机都不相同）进行的，发送方在传送的信息上写明接收方计算机的网络地址，信息就能通过网络传递到接收方。

在 Internet 中，计算机的地址由 IP 协议负责定义与转换，所以又称 IP 地址。目前使用的 IP 协议的版本为 IPv4，它规定计算机的 IP 地址为 32 位二进制数（占 4 字节）。要记住每台计算机的 32 位二进制编号很困难，所以人们通常用 4 个十进制数来表示 IP 地址，每个十进制数对应 IP 的 8 位二进制位，十进制数之间用"."分开，这种方法又称点分十进制。例如，

"11111111111111111111111100000111"就表示为"255.255.255.7",其转换规则是将 IP 地址的每个字节分别转换为十进制数,因为 8 位二进制数最大为 255,所以 IP 地址中每位十进制数不超过 255。IP 地址是有限资源,目前基本上已经用完。人们为此设计了 IPv6,它采用 128 位二进制数表示 IP 地址,拥有足够多的地址资源,IPv6 将是未来网络地址的标准。

3. 域名

域名(Domain Name)是由一串用点分隔的名字组成的,Internet 中某一台计算机或计算机组的名称,用于在数据传输时标识计算机的电子方位(有时也指地理位置)。

由于 IP 地址是数字标识,使用时难以记忆和书写,因而产生了域名这一种字符型标识。域名由一串用点分隔的名字组成,其通用格式是计算机主机名.机构名.网络名.顶级域名。例如,ibm330.ihep.ac.cn,其中 ibm330 表示这台主机的名称;ihep 表示中科院高能物理所;ac 表示科研院所;cn 表示中国。

顶级域名目前采用两种划分方式:①以所从事的行业领域作为顶级域名;②以国别作为顶级域名。部分国家或地区及机构的顶级域名如表 3-1-1 所示。

表 3-1-1　部分国家或地区及机构的顶级域名

代　　码	机 构 名 称	代　　码	国家或地区名
com	商业机构	cn	中国
edu	教育机构	jp	日本
gov	政府机构	hk	中国香港
int	国际组织	uk	英国
mil	军事机构	us	美国
net	网络服务机构	de	德国
org	非营利机构	fr	法国

4. DNS 服务器

DNS(Domain Name System,域名系统)服务器在互联网中的作用是:把域名转换成为网络可以识别的 IP 地址。简单地说,就是为了方便我们浏览互联网中的网站而不用去记住能够被机器直接读取的 IP 地址数串。例如,www.gxibvc.com 是一个域名,和 IP 地址 111.59.247.239 相对应。DNS 就像一个自动的电话号码簿,我们可以直接拨打 gxibvc 的名字来代替电话号码(IP 地址)。我们直接调用网站的名字以后,DNS 就会将便于人类使用的名字(如 www.gxibvc.com)转化成便于机器识别的 IP 地址(如 111.59.247.239)。

5. 万维网

万维网(World Wide Web,WWW),简称 Web,是存储在 Internet 计算机中、数量巨大的文档(包含文本信息、图形、图像、视频、音频等多媒体信息)的集合。这些文档称为页面,它是一种超文本(Hypertext)信息,Web 上的信息是由彼此关联的文档组成的,而使其连接在一起的是超链接,是 Internet 中使用最广泛的一种服务。

6. 统一资源定位符

统一资源定位符(Uniform Resource Locator,URL)也称网页地址,用来标识 WWW 中的页面和资源,一般格式为协议://IP 地址或域名/路径/文件名。

例如,网页地址 http://www.gxibvc.net/info/1829/7804.htm,这里 http 指超文本传输协议,www.gxibvc.net 是域名,/info/1829/7804.htm 是路径和文件名。

Internet 中的每个文件都有一个唯一的 URL,它包含的信息指出文件的位置及浏览器应该怎么处理它。

7. 超文本传输协议

超文本传输协议（HyperText Transfer Protocol，HTTP）是从 WWW 服务器传输器传输超文本到本地浏览器的传输协议，它不仅保证计算机正确快速地传输超文本文档，还确定传输文档中的哪一部分，以及哪部分内容首先显示（如文本先于图形）等。

8. 超文本标记语言

超文本标记语言（HTML）是一种用于创建网页文档的简单标记语言，使用 HTML 标记和元素创建的文档就是 HTML 文档，此类文档以.htm 或.html 作为扩展名保存在 Web 服务器上。

任务二 连接 Internet

活动一 通过 ADSL 连接 Internet

Internet 是将横跨全球的各种不同类型的计算机网络连接起来的一个全球性的网络。在 Internet 中有取之不尽、用之不竭的信息财富。随着信息技术的发展，人们对网络的依赖性日益增强，日常办公和学习等工作都需要借助 Internet 这一工具来完成，通常可以通过电话线、局域网、无线方式将计算机接入互联网。ADSL（非对称数字用户）和 ISDN（综合业务数据网）是目前使用较多的互联网接入方式。

以 ADSL 方式接入 Internet，首先需要去宽带服务提供商（如中国电信、中国联通等公司）开通相关的服务，再准备一台 ADSL Modem。以下展示单台计算机通过 ADSL 连接 Internet 的步骤。

（1）选择"开始"→"控制面板"命令，打开"控制面板"窗口，选择"网络和共享中心"选项，打开"网络和共享中心"窗口，如图 3-2-1 所示。

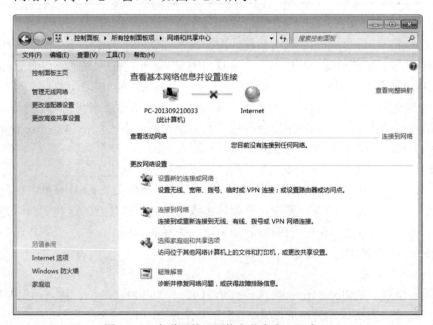

图 3-2-1 未联网的"网络和共享中心"窗口

（2）选择"更改网络设置"选项组中的"设置新的连接或网络"选项，打开"设置连接或网络"向导，如图 3-2-2 所示。

（3）按照向导的提示，选择"连接到 Internet"选项，然后单击"下一步"按钮，如图 3-2-2 所示。

（4）Windows 操作系统会根据计算机所连接的设备自动推荐连接方式，如图 3-2-3 所示。

図 3-2-2　选择网络连接类型　　　　　图 3-2-3　选择连接方式

（5）在图 3-2-4 中分别输入运营商提供的用户名、密码等信息后，单击"连接"按钮，等待连接成功即可上网，此时"网络和共享中心"如图 3-2-5 所示。

图 3-2-4　输入用户名和密码　　　　图 3-2-5　已联网的"网络和共享中心"窗口

活动二　通过局域网连接 Internet

将从交换机引出的网线与主机网络端口连接。查看计算机的桌面，在任务栏的右下角是否出现 🖥 网络连通图标，若出现，说明网络物理连接成功。

（1）设置 IP 地址和 DNS 地址。在桌面上右击"网络"图标，执行"属性"命令，打开"网络和共享中心"窗口，如图 3-2-6 所示。

（2）在"查看活动网络"组中单击"以太网"链接按钮，打开"以太网 状态"对话框，如图 3-2-7 所示。

（3）单击"属性"按钮，打开"以太网 属性"对话框，如图 3-2-8 所示。

图 3-2-6　"网络和共享中心"窗口

图 3-2-7　"以太网 状态"对话框

图 3-2-8　"以太网 属性"对话框

（4）在该对话框中我们可以看到有"IPv6"和"IPv4"这两个 Internet 协议版本。这里选择"IPv4"（若开通了 IPv6 可以选择 IPv6）。单击"属性"按钮，打开"Internet 协议版本 4（TCP/IPv4）属性"对话框，如图 3-2-9 所示。

（5）选择"自动获得 IP 地址（O）"和"自动获得 DNS 服务器地址（B）"单选按钮。单击"确定"按钮，完成通过局域网连接 Internet 的设置。

（6）查看本地连接网络详细信息。在"以太网 状态"对话框中，单击"详细信息"按钮，弹出"网络连接详细信息"窗口，如图 3-2-10 所示。在该窗口中，可查看当前计算机的 IP 地址、子网掩码、网关和 DNS 地址等信息。

图 3-2-9　"Internet 协议版本 4（TCP/IPv4）属性"对话框

图 3-2-10　网络连接详细信息

任务三　信息浏览与搜索

　　Internet 网站包含丰富的可用信息和多媒体资源，人们可以通过浏览器访问这些信息。浏览器是用来检索、展示，以及传递 Web 信息资源的应用程序。Web 信息资源由统一资源标识符（Uniform Resource Identifier，URI）所标记，它是一个网页、一张图片、一段视频或者任何在 Web 上所呈现的内容。使用者可以借助超级链接(Hyperlinks)，通过浏览器浏览互相关联的信息。浏览器作为互联网的入口，已经成为各大软件巨头的必争之地，竞争十分激烈，目前常见的浏览器有：Internet Explorer，360 浏览器、QQ 浏览器、Firefox、Google Chrome、Safari 等，浏览器是最经常使用到的客户端程序。

　　IE（Internet Explorer）浏览器，是目前使用比较广泛的一款网页浏览器。可以搜索、查看和下载 Internet 中的各种信息。本任务主要通过完成互联网中搜索下载指定的电子资源到本地计算机，掌握 IE 浏览器的使用和基本设置，掌握主流搜索引擎的使用。

　　（1）双击桌面上的 IE 浏览器图标，启动 IE 浏览器。

　　（2）在 IE 浏览器的地址栏中输入要访问的网站地址"www.gxibvc.net"，按 Enter 键，即可浏览网页，如图 3-3-1 所示。浏览结束后，单击 IE 浏览器窗口右上角的"关闭"按钮，关闭 IE 浏览器即可。

　　（3）收藏网页。为了便于下次访问，可以将访问过的网站添加到个人收藏夹。单击"添加到收藏夹"即可将当前网址保存到收藏夹中，下次访问时直接从浏览器收藏夹中打开即可访问，如图 3-3-2 所示。

　　（4）保存网页信息。如果用户想保存相关网站的信息，选择浏览器"文件"菜单，选择"另存为"命令，可以对网页进行下载保存。

图 3-3-1　学院官网首页

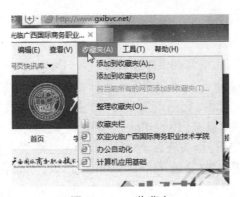

图 3-3-2　IE 收藏夹

Internet 中的信息浩如烟海，如何才能快速地找到需要的信息呢？这时需要使用搜索引擎来搜索网上的信息。搜索引擎就是让用户以数据检索的方法，输入想要搜索的某个特定数据，再在数据库中自动寻找符合用户要求的相关信息。目前常用的搜索引擎有以下几种：

百度：http://www.baidu.com

搜狗：http://www.sogou.com

360 搜索：http://www.so.com

（5）使用百度引擎搜索信息。在浏览器地址栏中输入百度网址，按 Enter 键，进入百度搜索网站的主页，在百度搜索框中输入要查找的信息，如输入关键词"计算机等级考试模拟软件"，然后单击"百度一下"按钮，搜索引擎会自动根据输入的搜索关键词搜索出相关的网站信息，如图 3-3-3 所示。用户如果需要了解更详细的信息，可以直接在搜索结果中单击某个链接信息进入相应的网站。

图 3-3-3　搜索结果

（6）下载文件。单击第 1 个搜索结果，进入计算机等级考试模拟软件天极网下载页面，单击一个下载链接，如果本机没有安装任何下载软件，页面下方会弹出对话框，如图 3-3-4 所示，单击"保存"按钮即可下载。

图 3-3-4　"图片另存为"命令

（7）保存单张网页图片。鼠标右键单击该图片，在弹出的快捷菜单中选择"图片另存为"命令，如图 3-3-5 所示，弹出"保存图片"对话框，选择图片保存路径，输入图片名称和选择图片类型后，单击"保存"按钮即可。

图 3-3-5　"图片另存为"命令

任务四　下载工具

随着网络技术的发展，网上信息的交流和传播也越来越广泛，越来越多的人开始从网络中浏览有关的信息和下载需要的资料。一般的下载都会通过浏览器下载，但如果是下载视频等体积很大的资源，就要用到下载工具。目前用得比较多的下载工具就是迅雷 9。它采用了多点下载、断点续传、定时下载等技术，来帮助用户从 Internet 中快速有效地下载所需要的文件和软件，它操作简单、功能强大，拥有高速的引擎支持，带给用户高速下载的全新体验。

（1）在浏览器地址栏中输入迅雷官网网址，如图 3-4-1 所示。单击"立即下载"，下载安装成功后软件即进入工作状态，自动关联常见资源的下载，随时监控着用户浏览器上的下载链接，当用户单击网页上下载链接时，迅雷就会自动弹出来接管本来通过浏览器的下载，如图 3-4-2 所示。

图 3-4-1　打开迅雷官网

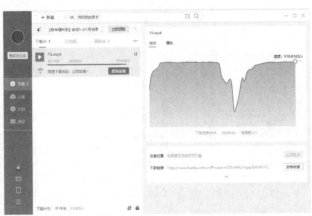

图 3-4-2　正在下载界面

任务五　收发电子邮件

电子邮件（Electronic Mail），简称 E-mail，标志为@，是一种用电子手段提供信息交换的通信方式，是互联网应用最广的服务之一。现代化办公时，E-mail 已经成为一个不可缺少的"伙伴"。

E-mail 的传递是由一个标准化的简单邮件传输协议（Simple Mail Transfer Protocol，SMTP）来完成的。SMTP 是 TCP/IP 的一部分，概述了 E-mai 的信息格式和传输处理方法。

收发 E-mail 的首要条件是要拥有一个电子邮箱，即 E-mail 地址。其结构是用户名@邮件服务器名。例如，xwzadmin@163.com。

Outlook Express，简称 OE，是微软公司开发的 E-mai 客户端软件，是收、发、写、管理电子邮件的工具。

本任务通过电子邮箱软件 Outlook Express 2010 上交一份电子作业，掌握 Outlook Express 2010 的基本设置，了解电子邮件的使用和操作。

（1）从开始菜单中执行"所有程序"→"Microsoft Office"→"Outlook Express 2010"命令，打开 Outlook 2010 收件箱界面，如图 3-5-1 所示。

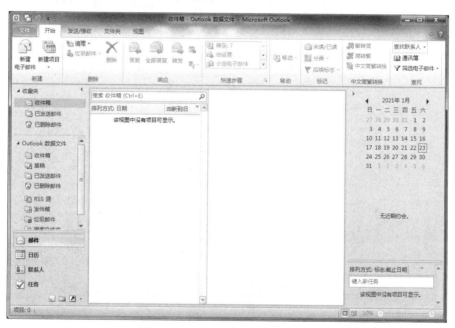

图 3-5-1　Outlook 2010 收件箱界面

（2）设置 Outlook Express。单击"文件"菜单，选择"添加账户"命令添加新的电子邮件账户，如图 3-5-2 所示。

（3）选择"电子邮件账户"，单击"下一步"按钮，输入姓名、电子邮件地址和密码，如图 3-5-3 所示，单击"下一步"按钮，系统自动配置电子邮件服务器设置，稍等几分钟，IMAP 电子邮件账户即可配置成功，如图 3-5-4 所示。

（4）发送电子邮件。在"开始"选项卡，单击"新建电子邮件"按钮，在"收件人"栏中填入收件人邮箱，如"12345678@163.com"，输入邮件正文，如图 3-5-5 所示。若觉得内容、格式单调，可以对字体、字号、颜色、文字排列方式等进行设置。

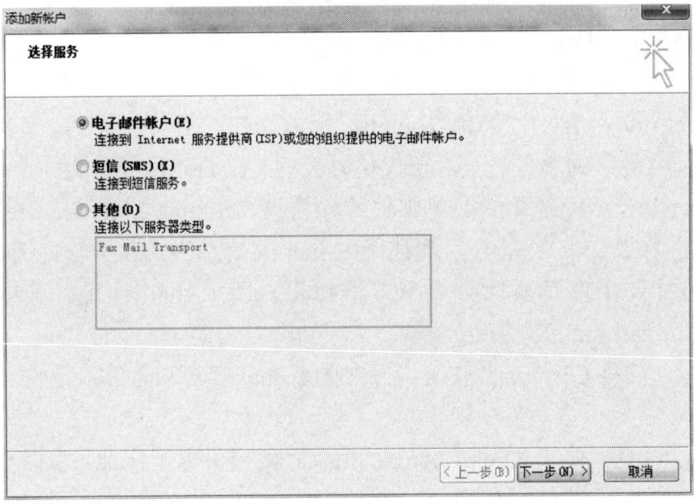

图 3-5-2　添加新账户

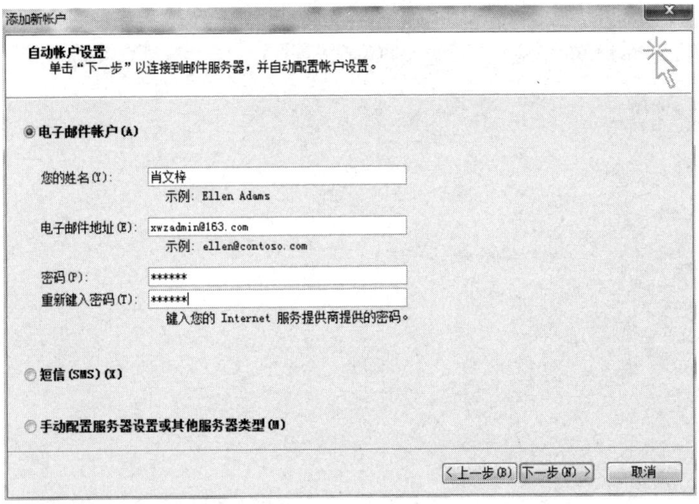

图 3-5-3　输入电子邮件账户信息

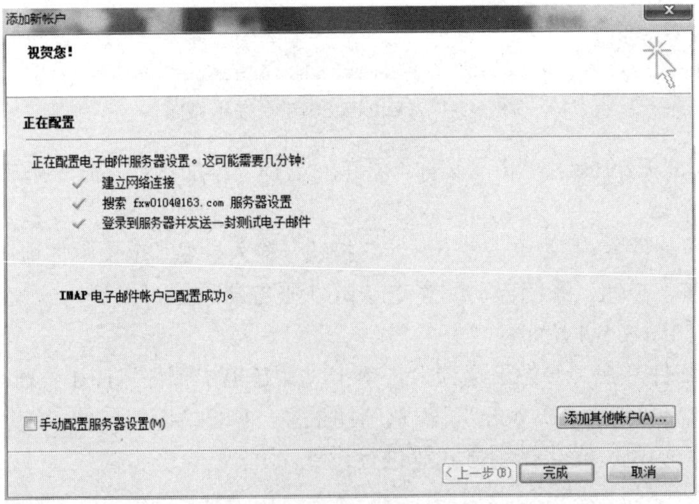

图 3-5-4　电子邮件账户配置成功

（5）给邮件添加附件。E-mail 可以发送文字、图像、声音各种文件，只是附件不要太大，这样会影响邮件的接收和发送。单击工具区中的"附件文件"按钮，在"插入文件"窗口中选择要插入的文件，然后单击"插入"按钮插入附件，单击"发送"按钮即可将邮件发送出去。

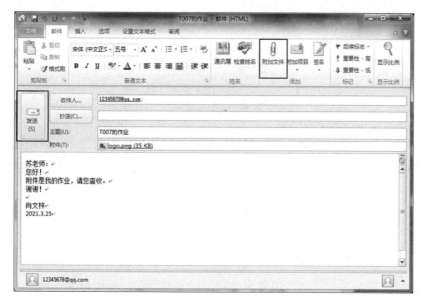

图 3-5-5　输入邮件正文

任务六　计算机与网络信息安全

　　人们可以利用计算机网络工作学习、游戏娱乐，充分享受计算机网络带来的便利。但是，人类社会也面临着来自网络的新威胁。网络病毒、网络攻击、信息网络盗窃、网络侵权、网络战争等问题，使人们不得不把网络安全提升到国家安全的战略高度予以关注。"没有网络安全就没有国家安全，就没有经济社会稳定运行，广大人民群众利益也难以得到保障"。随着《网络安全法》《数据安全法》《个人信息保护法》《关键信息基础设施安全保护条例》等法律法规密集出台，网络空间法治进程迈入新时代。

　　计算机与网络信息安全主要涉及信息存储安全、信息传输安全、信息应用安全 3 个方面，包括操作系统安全、数据库安全、网络安全、访问控制、病毒防护、加密、鉴别 7 类技术问题，可以通过保密性、完整性、真实性、可用性、可控性 5 种特性进行表述。

　　（1）保密性：信息不会泄露给非授权对象的特性。

　　（2）完整性：信息本身完整，且不会在未授权时发生变化的特性。

　　（3）真实性：保证信息内容及处理过程真实可靠的特性。

　　（4）可用性：合法对象能有效使用信息资源的特性。

　　（5）可控性：对信息资源能进行有效控制的特性。

　　计算机与网络信息安全控制是复杂的系统工程，需要安全技术、科学管理和法律规范等多方面协调，并构成层次合理的保护体系，只有这样最终才能达到保证信息安全的目的。安全防护技术是保证实体、软件、数据安全的基础，有效管理是保障安全技术发挥作用的前提，法律规范是制约和打击危害信息安全的武器。

活动一　产生计算机与网络安全威胁的原因

计算机网络应用领域的危害分为人为与非人为两种。非人为危害主要指自然灾害对计算机网络造成的危害，如地震、水灾、火灾、战争等原因出现的网络中断、系统破坏、数据丢失等。人为危害是指对网络人为攻击，达到破坏、欺骗、窃取数据等目的。与其他危害相比，计算机网络应用领域的危害具有较强的技术性，影响范围较大，由此造成的后果也更为严重。

危害计算机与网络安全的表现形式多种多样，危害后果和抑制手段也不尽相同，这里归类列出常见的几种。

（1）自然灾害。如果建造机房、安装设备时没有考虑防水、防火、防静电、抗震、避雷等问题，计算机网络工作环境抵御自然灾害的能力会很差，发生灾害后有可能给网络系统造成灭顶之灾。

（2）系统漏洞。网络系统大型化使控制管理网络的复杂程度不断增加，隐藏在其中的漏洞也越来越多，它们有可能引起网络系统崩溃，也有可能成为渗透网络系统的工具或通道。

（3）操作失误。工作人员缺乏责任心或因专业知识滞后造成的操作失误。

（4）病毒侵袭。指遭受为达到某种目的而编制的，具有破坏计算机或毁坏信息的能力、自我复制和传染能力的程序攻击。

（5）人为恶意破坏。人为恶意的攻击、破坏是威胁网络安全的重要原因，也是最难控制和防范的危害因素。

（6）网络欺诈。网络欺诈已成为阻碍网络应用的重要顽疾，网络欺诈花样繁多严重影响了人们对网络信息的信任度。

（7）网络色情。色情信息的传播对青少年的身心健康带来了严重的恶果，也成为引发一系列社会问题的根源。

（8）网络赌博。网络赌博已经成为一种严重的灾害，成为危害国家经济建设和社会治安稳定的重要因素。

活动二　计算机病毒及防治方法

计算机病毒是指编制或者在计算机程序中插入的破坏计算机功能或者毁坏数据、影响计算机的正常使用，并能自我复制的一组计算机指令或者程序代码。计算机病毒是程序，但不一定是完整的程序，具备计算机病毒特征的一组指令或代码就是计算机病毒。计算机病毒的本质特征是主动传染性，这一特征使计算机病毒的危害范围和危害性成倍增加。计算机病毒对计算机的威胁是影响计算机发展的顽疾，防治计算机病毒是计算机网络安全工作的重中之重。

1. 计算机病毒的特点

计算机病毒是程序，是未经授权许可而执行的特殊程序，与其他正常的程序相比，它具有以下几个特点。

（1）破坏性。任何计算机病毒只要侵入系统，都会对系统及应用程序产生不同程度的危害，轻则占用系统资源，降低计算机系统的工作效率，重则会对系统造成重大危害，有些危害所造成的后果是难以设想的，它可以毁掉系统的部分数据，也可以破坏全部数据并使之无法恢复。

（2）传染性。传染性是计算机病毒的基本特征，也是区别计算机病毒与非计算机病毒的本质特征。计算机病毒会通过各种渠道从已感染的计算机扩散到未感染的计算机，在计算机应用环境中只要一台计算机染毒，病毒就会迅速扩散感染大量文件。

（3）隐蔽性。隐蔽性是服务于潜伏性的特性，为了满足潜伏的需要，计算机病毒必须想方设法隐藏自己。

（4）潜伏性。一个编制精巧的计算机病毒程序，在进入系统之后一般情况下除传染外，并不会马上发作破坏系统，而是在系统中潜伏一段时间。只有当特定的触发条件得到满足，病毒才被激活而去执行破坏系统的操作。

2. 计算机病毒的分类

不同的分类标准有不同分类结果，常见的计算机病毒分类方法有以下几种。

（1）按计算机病毒发作的后果分类。分为良性病毒和恶性病毒，一般认为前者没有严重的危害后果，后者则产生数据丢失、系统崩溃等严重后果。实际上一切病毒都是具有危害性的，只是危害程度不同。

（2）按照寄生方式分类。分为引导型病毒、文件型病毒、混合型病毒和宏病毒。引导型病毒寄生在磁盘的引导区，文件型病毒寄生在可执行文件，混合型病毒兼具引导型和文件型两种病毒的特征，宏病毒是一种寄生在 Office 文档中的特殊病毒。

（3）按照传播媒介分类。分为单机病毒和网络病毒，前者借助于磁盘、U 盘和光盘传播病毒，后者依靠网络传输介质传播病毒。

3. 计算机病毒的防治方法

对于计算机病毒的威胁，最有效的解决办法是防范。计算机病毒防范是指通过建立合理的计算机病毒防范体系和制度，及时发现计算机病毒侵入，并采取有效的手段阻止计算机病毒的传播和破坏，恢复受影响的计算机系统和数据。防范方法有以下几种。

（1）不使用不安全的外存和网络。

（2）使用正版或合法获得的计算机软件，不安装、打开来源不明的软件。

（3）购买正版杀毒软件，并不断对杀毒软件进行升级换代。

（4）建立数据备份并妥善保管好备份的数据资料。

（5）建立完整的计算机安全管理制度，不要让无关人员随意使用计算机。

活动三　计算机安全防护软件

目前国内有很多病毒防护软件可供选择，如 360 杀毒、金山杀毒、瑞星杀毒、百度杀毒等。

（1）安装 360 个人版病毒防护软件套装。在浏览器地址栏中输入 360 公司官方网站网址，进入 360 官网，如图 3-6-1 所示。

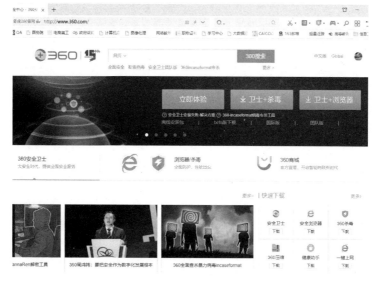

图 3-6-1　360 公司官方网站

（2）分别单击 360 杀毒和安全卫士下的"下载"按钮，下载软件到本地机。

（3）双击 360 杀毒软件安装程序，按照默认设置安装完毕。

（4）杀毒软件安装完毕后会自动运行并常驻内存，安装完毕后需要先升级一下病毒库，然后单击"全盘扫描"按钮，对系统进行一个全盘扫描，如图 3-6-2 所示。

图 3-6-2　全盘扫描

（5）安装 360 安全卫士，防范木马，恶意软件的侵扰。双击 360 安全卫士安装程序，按照默认设置安装完毕。

（6）软件安装完毕后会自动运行，如图 3-6-3 所示。单击"立即体验"按钮，体检完毕，软件会找出并展示当前计算机存在的安全隐患和系统漏洞，单击"一键修复"按钮即可。

图 3-6-3　360 安全卫士

活动四　压缩软件

随着计算机技术的不断发展，文件占有的空间越来越大，使得数据的保存和传输过长且极为不便。通过对文件进行压缩和解压缩处理来解决这种矛盾就显得十分实用和必要。一般而言，压缩软件的工作过程是把一个或几个文件通过一定的算法压缩后存放在一个特定后缀的管理文件中，以便于存储和交换。常用的压缩软件有 WinRAR、WinZip、360 压缩等。

（1）下载安装 360 解压缩软件。在浏览器地址栏中输入 360 压缩官网网址，按回车键，进入 360 压缩下载网站，单击"Windows 下载　版本号：4.0.0.1270"按钮，保存文件到本地，如图 3-6-4 所示。

图 3-6-4　360 压缩下载地址

（2）安装完毕后，右击要保护的文件，在弹出的快捷菜单中选择"添加到压缩文件"选项，进入 360 压缩界面，如图 3-6-5 所示。

图 3-6-5　使用 360 压缩文件

（3）单击"添加密码"按钮，在弹出的窗口中输入要设置的密码，单击"确认"按钮后返回，再单击"立即压缩"按钮，即可完成对文件的压缩保护，如图 3-6-6 所示。

图 3-6-6　设置压缩密码

（4）双击刚才压缩的文件"T007.zip"，输入解压缩密码，单击"确定"按钮，即可解压缩，如图 3-6-7 所示。

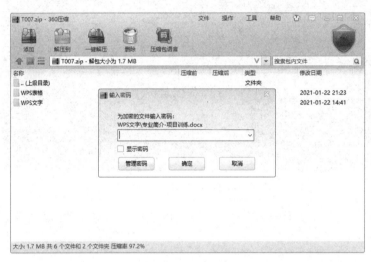

图 3-6-7　解压缩

任务七　新一代信息技术

1. 物联网

物联网（The Internet of Things，IoT）是指通过各种信息传感器、射频识别技术、全球定位系统、红外感应器、激光扫描器等各种装置与技术，实时采集任何需要监控、连接、互动的物体或过程，采集其声、光、热、电、力学、化学、生物、位置等各种需要的信息，通过各类可能的网络接入，实现物与物、物与人的泛在连接，实现对物品和过程的智能化感知、识别和管理。物联网是一个基于互联网、传统电信网等的信息承载体，它让所有能够被独立寻址的普通物理对象形成互联互通的网络。

物联网的应用领域涉及方方面面，在工业、农业、环境、交通、物流、安保等基础设施领域的应用，有效推动了这些方面的智能化发展，使得有限的资源更加合理地使用、分配，从而提高了行业效率、效益。在家居、医疗健康、教育、金融与服务业、旅游业等与生活息息相关的领域的应用，从服务范围、服务方式到服务的质量等方面都有了极大的改进，大大提高了人们的生活质量；在涉及国防军事领域方面，虽然还处在研究探索阶段，但物联网应用带来的影响也不可小觑，大到卫星、导弹、飞机、潜艇等装备系统，小到单兵作战装备，物联网技术的嵌入有效提升了军事智能化、信息化、精准化，极大提升了军事战斗力，是未来军事变革的关键。"到 2020 年，中国物联网产业将经历应用创新、技术创新、服务创新 3 个关键的发展阶段，成长为一个超过 5 万亿规模的巨大市场。"物联网的体系结构如图 3-7-1 所示。

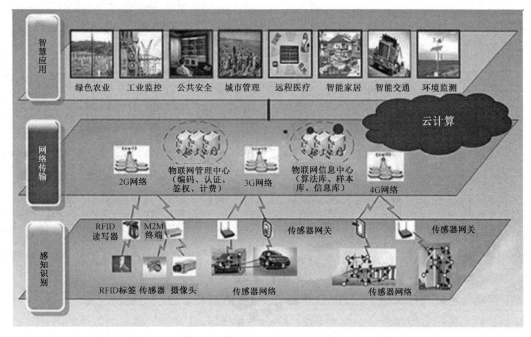

图 3-7-1　物联网的体系结构

2. 云计算

云计算（Cloud Computing）是分布式计算的一种，指的是通过网络"云"将巨大的数据计算处理程序分解成无数个小程序，然后通过多部服务器组成的系统处理和分析这些小程序得到结果并返回给用户。云计算早期，简单地说，就是简单的分布式计算，解决任务分发，并进行计算结果的合并。因而，云计算又称为网格计算。通过这项技术，可以在很短的时间内（几秒钟）完成对数以万计的数据的处理，从而达到强大的网络服务。云计算是在 2009 年开始逐渐映入人们眼帘的，当时更多是被 IBM 这样的国际商业巨头在介绍其数据业务时所提及。相比于国外，中国的云计算起步虽然稍晚，但发展劲头却不容小觑。特别是到了 2015 年后，互联网巨头纷纷把云计算业务视作其战略性业务来重点发展。我国知名的云计算企业有阿里云、中国电信云、百度云、腾讯云等。云计算示意图如图 3-7-2 所示。

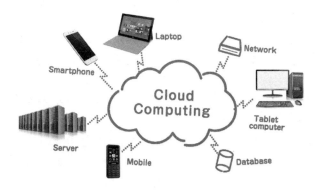

图 3-7-2　云计算示意图

3. 大数据

大数据（Big Data），或称巨量资料，指的是所涉及的资料量规模巨大到无法通过主流软件工具在合理时间内达到撷取、管理、处理并整理成为帮助企业经营决策以实现更积极目的的资讯。大数据具有海量的数据规模、高速的数据流转、多样的数据类型、数据的真实性以及较低的价值密度五大特征，简称为大数据的"5V"特征，即 Volume、Velocity、Variety、Veracity 和 Value。

大数据几乎无法使用单台的计算机进行处理，必须采用分布式架构，在成百上千台服务器上同时并行运行的软件上进行处理。它的特色在于对海量数据进行分布式数据挖掘，必须依托云计算的分布式处理、分布式数据库和云存储、虚拟化技术等。

大数据的应用示例包括金融风险控制、零售和物流优化、医疗保健、城市管理和智慧城市建设、工业领域的生产优化和质量管理、能源领域的能源消耗优化和可再生能源开发、交通领域的交通流量管理和智能交通系统、农业领域的农业生产和粮食安全保障、文化娱乐领域的内容生产和推广等。

大数据时代的来临带来无数的机遇，但是与此同时个人或机构的隐私权也极有可能受到冲击，大数据包含各种个人信息数据，现有的隐私保护法律或政策有可能无力解决这些新出现的问题。大数据时代信息为某些互联网巨头所控制，但是数据商收集任何数据未必都获得了用户的许可，其对数据的控制权不一定不具有合法性。在大数据时代，加强对用户个人权利的尊重才是大势所趋。

4. 人工智能

人工智能（Artificial Intelligence，AI）是一门以计算机科学技术为基础，由计算机、心理学、哲学等多学科交叉融合的新兴学科，研究、开发用于模拟、延伸和扩展人的智能的理论、方法、技术及应用系统，企图了解智能的实质，并生产出一种新的能以与人类智能相似的方式做出反应的智能系统，该领域的研究包括机器人、语音识别、图像识别、自然语言处理和专家系统等。

20 世纪 70 年代以来，人工智能被称为世界三大尖端技术（空间技术、能源技术、人工智能）之一，也被认为是 21 世纪三大尖端技术（基因工程、纳米科学、人工智能）之一。人工智能是一种能够模拟人类智能的技术，它已经在我们的生活中扮演越来越重要的角色。人工智能在生活中的应用案例包括人脸识别、无人驾驶、地图导航、智慧物流、机器人和智能家居、医疗诊断、智能零售、智能交通等，可以说人工智能已经渗透到我们生活的方方面面。

ChatGPT（Chat Generative Pre-trained Transformer）的出现，使人工智能成为当前最热门的话题，整个社会对人工智能可以发挥的作用产生了空前高涨的期待。ChatGPT 可以简单理解为一个人工智能对话机器人。在中国，也有很多企业推出了自己的聊天机器人，其中最具代表性有文心一言、通义千问、360 智脑和讯飞星火等。这些聊天机器人都是基于预训练语言模型技术，能够回答各种问题，进行文本创作，甚至还能生成图片和视频。随着人工智能技术的不断发展，聊天机器人已经成为了一种新的交互方式。

通用大模型是人类最高智慧"大脑"，工业领域大模型则是"手"和"脚"。华为云推出的盘古大模型解决了传统 AI 作坊式开发模式下无法解决的 AI 规模化、产业化问题，改变了传统的"小作坊开发模式"，让 AI 开发走向新的"工业化开发模式"。如今，华为云盘古大模型已经深入金融、制造、政务、电力、煤矿、医疗、铁路等多个行业，支撑数百个业务场景的 AI 应用落地。

5. 5G

移动通信技术大致经历了 1G、2G、3G、4G 到 5G 的发展历程，其中 5G 是指第五代移动通信技术（5th Generation Mobile Communication Technology），是具有高速率、低时延和大连接特点的新一代宽带移动通信技术。5G 作为一种新型移动通信网络，不仅要解决人与人通信，为用户提供增强现实、虚拟现实、超高清（3D）视频等更加身临其境的极致业务体验，更要解决人与物、物与物通信问题，满足移动医疗、车联网、智能家居、工业控制、环境监测等物联网应用需求。5G 将渗透到经济社会的各行业各领域，成为支撑经济社会数字化、网络化、智能化转型的关键新型基础设施。

2023 年 5 月 23 日，国家互联网信息办公室发布了《数字中国发展报告（2022 年）》。该报告数据显示，截至 2022 年底，我国累计建成开通 5G 基站 231.2 万个，5G 用户达 5.61 亿户，全球占比均超过 60%。全国 110 个城市达到千兆城市建设标准，千兆光网具备覆盖超过 5 亿户家庭能力。移动物联网终端用户数达到 18.45 亿户，成为全球主要经济体中首个实现"物超人"的国家。

我国的移动通信技术经历了"2G 时代跟随""3G 时代参与"到"4G 时代并跑"的发展历程。如今，我国在 5G 时代全面发力、奋起直追，终于实现弯道超车，成功跻身世界第一梯队。全球各国普遍认为，中国的 5G 已在多方面走在了世界前列乃至世界第一的位置。

 项目训练

一、选择题

1．Internet 中不同网络和不同计算机相互通信的基础是（　　　）。
   A．ATM　　　　　　B．TCP/IP　　　　　C．Novell　　　　　D．X.25
2．计算机网络最主要的功能在于（　　　）。
   A．扩充存储容量　　　　　　　　　B．提高运算速度
   C．传输文件　　　　　　　　　　　D．共享资源
3．网络中使用的传输介质，抗干扰性能最好的是（　　　）。
   A．双绞线　　　　B．光缆　　　　　C．细缆　　　　　D．粗缆
4．TCP/IP 是 Internet 的（　　　）。
   A．一种服务　　　B．一种功能　　　C．通信协议　　　D．通信线路
5．接入 Internet 的每一台主机都有唯一的可识别地址，称为（　　　）。
   A．URL　　　　　B．TCP 地址　　　C．IP 地址　　　　D．域名
6．关于 E-mail，下列说法错误的是（　　　）。
   A．发送 E-mail 需要 E-mail 软件支持
   B．发件人必须有自己的 E-mail 账号
   C．收件人必须有自己的邮政编码
   D．必须知道收件人的 E-mail 地址
7．下列选项中，计算机病毒不具备的特征是（　　　）。
   A．传染性和破坏性　　　　　　　　B．自行消失性和易防范性
   C．传染性和可触发性　　　　　　　D．潜伏性和隐蔽性
8．计算机病毒是一种（　　　）。
   A．微生物感染　　　　　　　　　　B．化学感染
   C．程序　　　　　　　　　　　　　D．幻觉
9．下列选项中，不是杀毒软件的是（　　　）。
   A．KV3000　　　　B．瑞星　　　　　C．金山毒霸　　　D．磁盘清理程序
10．下列选项中，不属于计算机病毒特征的是（　　　）。
   A．潜伏性　　　　B．传染性　　　　C．激发性　　　　D．免疫性

二、操作题

1．使用 360 杀毒软件扫描 D 盘中的文件，如有病毒对其进行清理。

2．使用 360 安全卫士对计算机进行体检，对体检有问题的部分进行修复。

3．查看本机的 IP 地址。在"网络和共享中心"查看计算机的 IP 地址、子网掩码、默认网关和 DNS 服务器。

4．在"基础操作"文件夹中新建一个文本文档"mask.txt"，录入并保存本机的 IP 地址、子网掩码、默认网关和 DNS 服务器。

5．使用 Outlook Express 将"mask.txt"以附件的形式向指导教师发送一个电子邮件。

项目四　WPS 文字的使用

现代工作和生活中，经常需要对图文进行编辑和演示，为了提高工作效率，一款好的办公软件就显得非常重要。主流的办公软件有微软公司开发的 Microsoft Office 和金山软件股份有限公司自主研发的 WPS Office 等办公软件套装，两款软件一一对应、操作方法类似、无障碍兼容，用户可从容切换。

WPS 是英文 Word Processing System（文字处理系统）的缩写，是目前中国最流行的办公软件之一，可以实现办公软件最常用的文字、表格、演示、PDF 阅读等多种功能，具有内存占用低、运行速度快、云功能多、强大插件平台支持、免费提供海量在线存储空间及文档模板的优点。WPS 最新版本为 WPS Office 2019。

作为 WPS Office 2019 最常用的三大组件之一，WPS 文字提供了强大的文字处理功能，使用它可以轻松地制作出各种图文并茂的办公文档，如通知、求职简历、电子简报、信函、报告等文档，使电子文档的编制更加容易和直观。

任务一　制作工作室招新海报

本任务以制作工作室招新海报（图 4-1-1）为例，介绍 WPS 文字的基本操作。通过本任务，读者可以学会如下操作。

- 新建和保存文档。
- 页面设置。
- 格式化文档。
- 添加项目符号。
- 查找和替换。
- 预览与打印。

图 4-1-1　工作室招新海报

操作一　新建和保存文档

操作要求：在 D 盘的"WPS 文字"文件夹中新建一个"工作室招新海报.docx"文档，按样文输入一定的内容，并按要求进行页面设置。

操作步骤如下。

（1）选择"开始"→"所有程序"→"WPS Office"→"WPS Office"命令，打开 WPS Office，单击菜单栏中的"新建"按钮，在"新建"界面选择所需类型的文件进行新建即可。我们既可以新建空白文档进行编辑，也可以选择合适的样本模板套用，编辑时只需替换这些样本模板中的图片和文字，就可以省时省力地得到相对专业的文档。如图 4-1-2 所示，选择"文字"→"新建空白文档"，就新建了一个空白文档，默认的文件名是"文字文稿 1.docx"。

（2）按样文输入内容。

（3）调整页面设置。选择"页面布局"选项卡，单击"页边距"按钮，选择下拉列表中的"自定义页边距"命令，打开"页面设置"对话框，纸张方向设置为"横向"，上、下边距均为"1 厘米"，左、右边距均为"2 厘米"，如图 4-1-3 所示。选择"版式"选项卡，设置页眉、页脚距边界为"1 厘米"，如图 4-1-4 所示。

图 4-1-2　打开 WPS Office

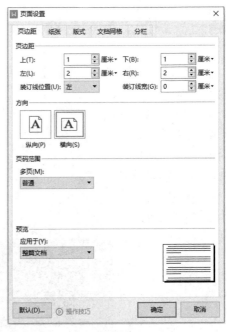

图 4-1-3　"页边距"选项卡

（4）单击快捷访问工具栏中的"保存"按钮，弹出"另存文件"对话框，选择保存位置，如保存在 D 盘的"WPS 文字"文件夹中，将文件名改为"工作室招新海报.docx"，如图 4-1-5 所示。

在文档编辑过程中，要注意及时存盘，第一次保存或需改名保存时要注意保存的位置和文档类型。文档类型以文档的扩展名识别，WPS 常用的文档扩展名及其类型如表 4-1-1 所示。

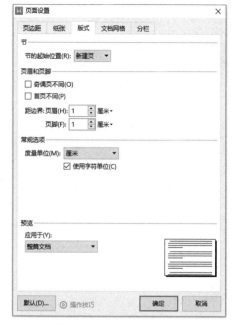

图 4-1-4　"版式"选项卡

图 4-1-5　"另存为"对话框

表 4-1-1　WPS 常用的文档扩展名及其类型

扩 展 名	文 档 类 型
.wps	WPS 文字 文件
.wpt	WPS 文字 模板文件
.docx	Microsoft Word 文件
.doc	Microsoft Word 97-2003 文件
.dotx	Microsoft Word 模板文件
.pdf	便携文件格式
.txt	纯文本
.htm 或.html	网页文件

操作二　设置字符和段落的格式

操作要求：根据要求分别设置文档标题、正文的字符格式和段落格式，添加项目符号。

编辑文档时，为了使版面清晰、规范、美观，增强文档的可读性，常常需要设置文档的各种格式，如字符格式、段落格式，这些操作也被称为文档的格式化。

1. 设置字符的格式

（1）选中标题文字"招新"，在"开始"选项卡中设置字体为"黑体"，字号为"100"号，字形为"加粗"，字体颜色为"红色"，如图 4-1-6 所示。

（2）用同样的方法，设置副标题"Are you ready?"字体为"Times New Roman"，字号为"初号"。设置文字"五加一网站工作室"字体为"华文彩云"，字号为"初号"。正文各段，设置字体为"黑体"，字号为"四号"。

图 4-1-6　设置标题文本

2. 添加项目符号

（1）选中"五加一网站工作室"下面相应的段落，在"开始"选项卡中单击"插入项目符号"下拉按钮，选择下拉列表中的"自定义项目符号"命令，打开"项目符号和编号"对话框，任意单击一种符号，再单击"自定义"按钮，打开"自定义项目符号列表"对话框，如图 4-1-7 所示。

（2）单击"字符"按钮，弹出"符号"对话框，在其中选择所需的符号，如图 4-1-8 所示。单击"字体"按钮，弹出"字体"对话框，设置字体颜色为"红色"，单击"确定"按钮。

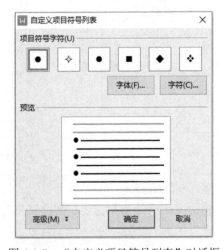

图 4-1-7　"自定义项目符号列表"对话框

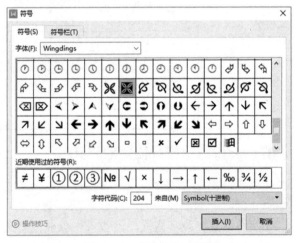

图 4-1-8　"符号"对话框

3. 设置段落的格式

（1）将"五加一网站工作室"下面的正文段落全部选中。

（2）右击，在打开的快捷菜单中选择"段落"命令，打开"段落"对话框，如图 4-1-9 所示。在"文本之前"设置缩进"25.65 字符"，行距设置为"固定值 20 磅"，然后单击"确定"按钮。

（3）用同样的方法设置"五加一网站工作室"段落的格式，在"文本之前"设置缩进"30 字符"，段前间距"2 行"，段后间距"0.5 行"，如图 4-1-10 所示。

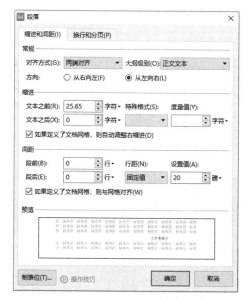
图 4-1-9 设置正文段落的格式

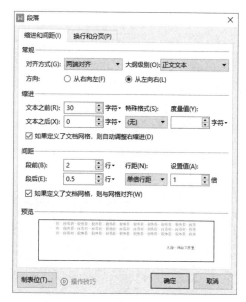
图 4-1-10 设置段前和段后间距

操作三 设置背景

操作要求：给文档设置一个图片背景。

操作步骤如下。

（1）选择"页面布局"选项卡，单击"背景"按钮，选择下拉列表中的"图片背景"命令，打开"填充效果"对话框，如图 4-1-11 所示。单击"选择图片"按钮，在弹出的"选择图片"对话框中选择"WPS 文字素材"文件夹中的图片"blue_sky.jpg"，单击"确定"按钮。

（2）也可以给文档设置水印效果。在快捷访问工具栏中单击"撤销"按钮，撤销图片背景设置。单击"背景"按钮，选择下拉列表中的"水印"→"插入水印"命令，打开"水印"对话框，如图 4-1-12 所示。勾选"图片水印"选项，单击"选择图片"按钮，即可添加图片水印效果。

图 4-1-11 "填充效果"对话框

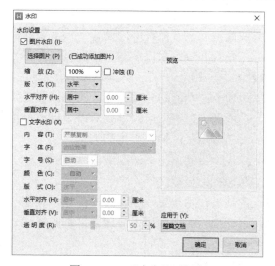
图 4-1-12 "水印"对话框

操作四 预览与打印

操作要求：预览编辑效果，并将其打印出来。

在快捷访问工具栏中单击"打印预览"按钮，可以查看文档的打印预览效果，如图 4-1-13 所示，调整预览区域下面的滑块可以改变预览视图的大小，我们还可以对需要打印的文件进行设置，如打印份数、单面打印、双面打印、打印机、打印顺序等。设置完成后，单击"直接打印"按钮，即可打印输出文档。

图 4-1-13 打印预览

相关知识

1. WPS 文字的工作界面

WPS 文字的工作界面主要由选项卡、功能区、文档编辑区及状态栏等部分组成，如图 4-1-14 所示。

（1）快捷访问工具栏：可以设置一些常用的命令，便于快速操作。

（2）工作区和登录入口：在工作区可以查看已经打开的所有文档，在登录入口可以将文档保存到云端。

（3）选项卡：功能的分类标签，功能按照类别归属到各个标签选项卡下面。

（4）功能区：以选项卡的方式对命令进行分组显示。

（5）文档编辑区：输入文本和编辑。

（6）标尺：手动调整页边距或段落。

（7）状态栏：显示文档信息。

（8）滚动条：用于更改编辑文档的显示位置。

（9）视图切换：在此可以快速切换护眼模式、页面视图、大纲、阅读版式、Web 版式、写作模式等。

（10）显示比例：放大和缩小编辑区。

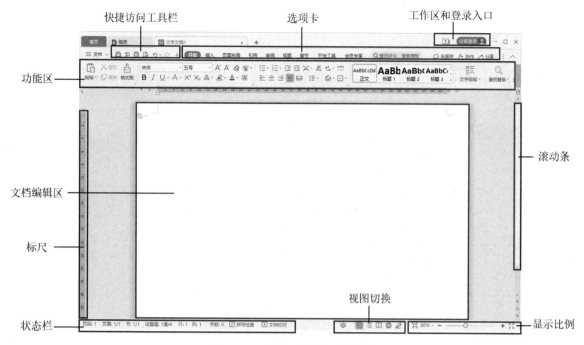

图 4-1-14 WPS 文字的工作界面

2. WPS 文字页面的构成

WPS 文字页面由版心及其周围的空白区域组成，如图 4-1-15 所示。

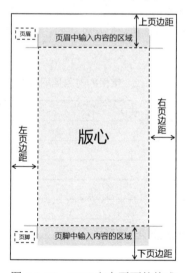

图 4-1-15 WPS 文字页面的构成

页边距是版心四周空白区域的大小，通常可以在页边距中插入文字和图形，也可以将某些项放在页边距中，如页眉、页脚和页码等，这些功能都集中在"页面布局"选项卡中。单击"页面设置"对话框启动器按钮 」，打开"页面设置"对话框，可以设置页面的相关内容。

3. 文本输入和编辑

在 WPS 文档的编辑区有一个不断闪烁的竖条，这就是插入点，WPS 中的插入点即文字内容或对象输入的位置，插入点在文档中以"|"形光标的形式显现。当新建一个空白文档时，插入点自动定位于文档页面的左上角。文字输入从插入点开始，当输入到一行的结束时，WPS 会自动将

插入点转到下一行。如果需要另起一段，可以通过按【Enter】键实现。

（1）插入符号和特殊符号。

在输入文档内容时，有时需要插入符号和特殊符号，方法是选择"插入"选项卡，单击"符号"按钮，打开"符号"对话框，选择所需的符号和特殊符号即可，如图 4-1-16 所示。

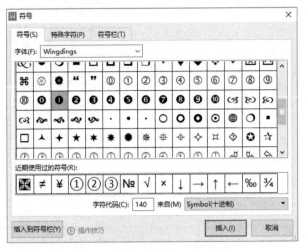

图 4-1-16　插入符号和特殊符号

（2）选取操作对象。

文档输入过程中，有时需要删除、移动、复制一段文字，或对字体进行修改。进行这些操作前，首先应选择要操作的文本（或表格、图形等对象）。在 WPS 中选择文本的方式有很多种，用户既可以利用鼠标选择文本，也可以利用键盘选择文本，还可以结合两者选择文本。常用的对象选取方法如表 4-1-2 所示。

表 4-1-2　常用的对象选取方法

对　象	选　取　方　法	作　用
一个区域	用鼠标拖动选择或按【Shift+上、下、左、右箭头】键	选定一个区域
字词	在字词中间双击	选定字词
句子	按住【Ctrl】键单击	选定句子
整行	鼠标在行首左边单击	选定整行
段落	在行首左边双击或在句子中单击 3 次	选定段落
全文	在行首左边单击 3 次或按【Ctrl+A】快捷键	选定全文

（3）复制、删除、移动文本。

先选中对象，再根据编辑目的选择表 4-1-3 中的操作方法。

表 4-1-3　WPS 编辑文档的常用操作

编 辑 目 的	操　作　方　法
移动对象	选定对象，将对象拖动到目标位置，松开鼠标左键即可
复制对象	方法 1：先选定对象，单击"开始"选项卡中的"复制"按钮（或按【Ctrl+C】快捷键），再在目标位置的光标处单击"粘贴"按钮（或按【Ctrl+V】快捷键），可完成复制
	方法 2：选定对象，在按住【Ctrl】键的同时拖动对象到目标位置，松开鼠标左键即可

续表

编 辑 目 的	操 作 方 法
删除对象	按【Delete】键删除光标右边的一个字符；按【Backspace】键删除光标左边的一个字符；选定对象，按【Delete】键删除所选对象
撤销和恢复	若文本删除有误，可单击快捷访问工具栏中的"撤销"按钮（或按【Ctrl+Z】快捷键）撤销操作；单击快捷访问工具栏中的"恢复"按钮（或按【Ctrl+Y】快捷键）恢复已撤销的操作
查找对象和替换对象	单击"视图"选项卡中的"导航窗格"按钮，在打开的"导航窗格"中单击"查找和替换"按钮，输入查找内容即可显示所有查找结果。单击"替换"按钮，输入替换内容后单击"替换"或者"全部替换"按钮

4. 查找和替换文本

查找和替换是在长文本中快速定位并修改内容的好方法。若要将"工作室招新海报.docx"文件中所有的"工作室"修改为"gongzuoshi"，并设置为粗绿色黑体，可以使用查找和替换功能完成。

（1）在"开始"选项卡中单击"查找替换"下拉按钮，选择"替换"命令，打开"查找和替换"对话框，如图 4-1-17 所示。

（2）在"查找内容"栏中输入"工作室"，在"替换为"栏中输入"gongzuoshi"，单击"高级搜索"按钮，将搜索范围设置为"全部"。

（3）单击"格式"按钮，选择下拉列表中的"字体"命令，打开"替换字体"对话框，并设置字体为黑体、加粗、绿色，如图 4-1-18 所示。

（4）单击"确定"按钮，返回"查找和替换"对话框，单击"全部替换"按钮，替换全部文本。

图 4-1-17 "查找和替换"对话框

图 4-1-18 "替换字体"对话框

5. 文档格式化

（1）字符格式化。

字符既可以是一个汉字，也可以是一个字母、一个数字或一个单独的符号。字符的格式包括字符的字体、字号、字形、字符颜色、字符间距、文字效果及各种表现形式。

操作方法：选择要设置格式的字符，在"开始"选项卡中单击相应功能按钮，如"字体""字号""加粗""字体颜色"等进行设置。也可以单击"字体"对话框启动器按钮，打开"字体"对话框，如图 4-1-19 所示。

（2）段落格式化。

段落是指以【Enter】键结束的内容，段落的标记为"↵"。段落格式主要包括段落缩进格式、对齐方式、行间距、段间距、项目符号和编号、分栏、首字下沉和段落样式等。

操作方法：简单的段落格式可以在"开始"选项卡中单击相应的功能按钮进行设置，如设置段落左对齐、居中对齐、右对齐、两端对齐、增加缩进量、减少缩进量等。复杂的段落格式设置必须通过"段落"对话框才能完成。在"开始"选项卡中单击"段落"对话框启动器按钮，打开"段落"对话框，如图 4-1-20 所示。

图 4-1-19 "字体"对话框　　　　　　　　　图 4-1-20 "段落"对话框

段落格式设置还可以通过按【Tab】键，或拖动水平标尺上的缩进游标来进行段落缩进的设置，如图 4-1-21 所示。

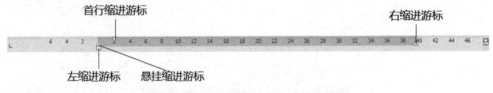

图 4-1-21 水平标尺上的 4 个缩进游标

首行缩进游标：在水平标尺上向右拖动此游标，就可控制光标所在段落中第一行第一个字的起始位置。

悬挂缩进游标、左缩进游标、右缩进游标：拖动相应游标，就可控制光标所在段落边界缩进的位置。

页边距是水平标尺中的浅色部分，也就是版心边界与页面边界之间的距离。页边距的大小可由拖动水平标尺中深浅颜色的交界线来调整。注意不要混淆段落缩进与页边距的概念。页边距设置正文版心的最大宽度，而段落缩进是指调整文本与（左）页边距之间的距离。

（3）格式刷。

格式刷是一个专门用于格式复制的工具，操作方法是：选定已设置好格式的文字或将光标定位在已设置好格式的位置，单击"格式刷"按钮，此时鼠标指针变成一把带光标的小刷子" ⚲I "，按住鼠标左键"刷"过欲复制格式的区域，则"刷"过的区域将具有相同的格式。双击"格式刷"按钮，可以将选定格式复制到多个位置。再次单击"格式刷"按钮或按【Esc】键，可取消鼠标指针的格式复制状态。

（4）边框与底纹。

在 WPS 中设置边框与底纹的对象，既可以是字符，也可以是段落和页面，设置边框与底纹可以达到强化内容的效果。

① 字符边框与底纹的设置。首先选中要设置格式的文本对象，然后单击"开始"选项卡中的"边框"下拉按钮，在弹出的下拉列表中选择"边框和底纹"命令，弹出"边框和底纹"对话框，进行边框和底纹设置，如图 4-1-22 所示。如果只是设置字符的底纹，也可以单击"开始"选项卡中的"底纹"下拉按钮，进行设置。

图 4-1-22　"边框和底纹"对话框

② 段落边框与底纹的设置。首先把光标定位到要设置格式的段落中，弹出"边框和底纹"对话框，进行相应的设置。

③ 页面边框的设置。在要设置页面边框的文档中，单击"页面布局"选项卡中的"页面边框"按钮，弹出"边框和底纹"对话框，进行相应的设置。

（5）编号和项目符号设置。

自动编号：选定列表项后，单击"开始"选项卡中的"编号"下拉按钮，在弹出的下拉列表中选择一种所需的编号形式。

项目符号：选定列表项后，单击"开始"选项卡中的"项目符号"下拉按钮，在弹出的下拉列表中选择一种所需的项目符号形式。

取消自动编号或项目符号：选定列表项后，选择"编号"按钮或"项目符号"按钮下拉列表中的"无"。

任务二　制作个人简历

本任务以制作个人简历（图 4-2-1）为例，介绍 WPS 文字中表格的基本操作。通过本任务，读者可以学会如下操作。

- 插入表格。
- 合并及拆分单元格。
- 设置表格中内容的对齐方式。
- 设置表格的行高。
- 设置表格的边框与底纹。

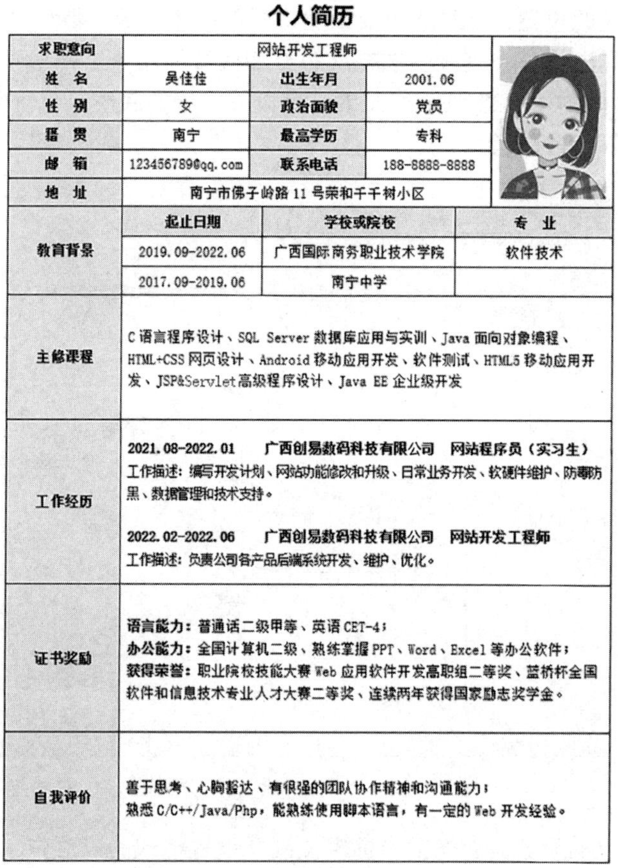

个人简历

求职意向	网站开发工程师			
姓　名	吴佳佳	出生年月	2001.06	
性　别	女	政治面貌	党员	
籍　贯	南宁	最高学历	专科	
邮　箱	123456789@qq.com	联系电话	188-8888-8888	
地　址	南宁市佛子岭路 11 号荣和千千树小区			
教育背景	起止日期	学校或院校		专　业
	2019.09-2022.06	广西国际商务职业技术学院		软件技术
	2017.09-2019.06	南宁中学		
主修课程	C 语言程序设计、SQL Server 数据库应用与实训、Java 面向对象编程、HTML+CSS 网页设计、Android 移动应用开发、软件测试、HTML5 移动应用开发、JSP&Servlet 高级程序设计、Java EE 企业级开发			
工作经历	2021.08-2022.01　　广西创易数码科技有限公司　网站程序员（实习生） 工作描述：编写开发计划、网站功能修改和升级、日常业务开发、软硬件维护、防黑、数据管理和技术支持。 2022.02-2022.06　　广西创易数码科技有限公司　网站开发工程师 工作描述：负责公司各产品后端系统开发、维护、优化。			
证书奖励	语言能力：普通话二级甲等、英语 CET-4； 办公能力：全国计算机二级、熟练掌握 PPT、Word、Excel 等办公软件； 获得荣誉：职业院校技能大赛 Web 应用软件开发高职组二等奖、蓝桥杯全国软件和信息技术专业人才大赛二等奖、连续两年获得国家励志奖学金。			
自我评价	善于思考、心胸豁达、有很强的团队协作精神和沟通能力； 熟悉 C/C++/Java/Php，能熟练使用脚本语言，有一定的 Web 开发经验。			

图 4-2-1　个人简历

操作一　插入表格

操作要求：在 D 盘的"WPS 文字"文件夹中新建一个名为"个人简历.docx"的空白文档，按要求插入表格。

（1）启动 WPS Office，新建一个名为"个人简历.docx"的空白文档，设置纸张大小 A4，上、下页边距 2 厘米，左、右页边距 1.5 厘米。

（2）选择"插入"选项卡，单击"表格"按钮，选择下拉列表中的"插入表格"命令，打开"插入表格"对话框，如图 4-2-2 所示，输入列数 5，行数 14，即可插入一个 5 列 14 行的表格。

图 4-2-2　"插入表格"对话框

操作二　设置表格的属性

1. 合并及拆分单元格

（1）选中要合并的单元格，单击"表格工具"选项卡中的"合并单元格"按钮即可。合并单元格后的表格如图 4-2-3 所示。

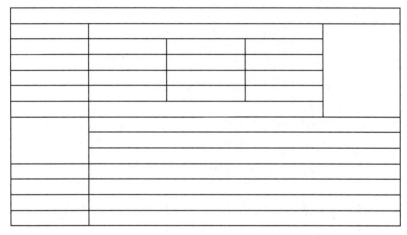

图 4-2-3　合并单元格后的表格

（2）将第 8 行到第 10 行第 2 列的单元格选中，单击"表格工具"选项卡中的"拆分单元格"按钮，打开"拆分单元格"对话框，如图 4-2-4 所示，分别设置需要拆分成的列数和行数，单击"确定"按钮完成拆分，如图 4-2-5 所示。

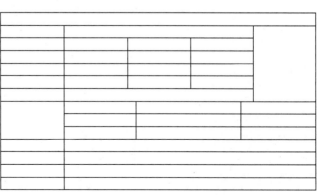

图 4-2-4　"拆分单元格"对话框　　　　　图 4-2-5　拆分单元格后的表格

2. 设置单元格中对象的对齐方式

（1）在表格中输入文字，并设置"个人简历"字体为"微软雅黑"，字号为"小二""加粗"，其余单元格设置字体为"宋体"，字号为"小四"。

（2）选中需要设置的单元格，单击"表格工具"选项卡中的"对齐方式"下拉按钮，在弹出的下拉列表中选择需要的对齐方式，本案例的单元格为"水平居中"，使文字在单元格内水平和垂直方向都居中，如图 4-2-6 所示。

个人简历			
求职意向			
姓　名		出生年月	
性　别		政治面貌	
籍　贯		最高学历	
邮　箱		联系电话	
地　址			
教育背景	起止日期	学校或院校	专　业
主修课程			
工作经历			
证书奖励			
自我评价			

图 4-2-6　输入文字的表格

3. 指定表格单元格的高度

（1）选择表格第 2 行至第 10 行的单元格，在"表格工具"选项卡中的"高度"栏中输入"0.84厘米"设置行高。

（2）选择表格第 11 行至第 14 行的单元格，在选定的区域内单击鼠标右键，在弹出的快捷菜单中单击"表格属性"命令，打开"表格属性"对话框，如图 4-2-7 所示，在"行"选项卡中，勾选"指定高度"，设置行高为"4"厘米，单击"确定"按钮。

4. 设置表格的底纹和边框

（1）选择"求职意向""姓名""出生年月""性别""政治面貌""籍贯""最高学历""邮箱""联系电话""地址""教育背景""主修课程""工作经历""证书奖励""自我评价"文字所在的单元格，在"表格样式"选项卡中单击"底纹"下拉按钮，在列表中选择主题颜色"浅绿，着色 6，淡色 80%"，如图 4-2-8 所示。

图 4-2-7　"表格属性"对话框

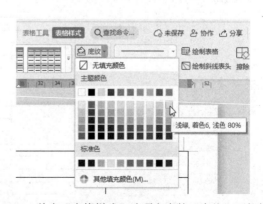

图 4-2-8　单击"表格样式"选项卡中的"底纹"下拉按钮

（2）插入相片。将光标定位在右上角的合并单元格中，选择"插入"选项卡，单击"图片"按钮，打开"插入图片"对话框，先选择简历图片所在的路径，再选中要插入的简历图片，单击"插入"按钮，完成图片的插入。注意：插入图片后，单击图片的控制点，可调整图片的大小以便适应单元格的大小。

（3）选中表格第 1 行，在"表格样式"选项卡中单击"边框"按钮，设置表格第 1 行的上边框、左边框和右边框为无框线，即可完成个人简历的表格设计，如图 4-2-9 所示。

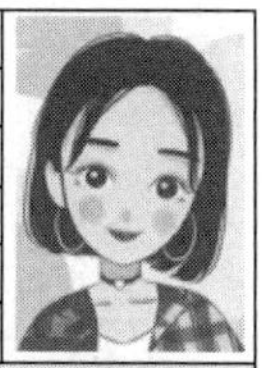

图 4-2-9　表格第 1 行的无边框效果

相关知识

1. 插入表格的 3 种方法

WPS 表格中的每个格子称为单元格，所有单元格都初始化成包含段落标记的段落。因此，对单元格的格式编排就是对段落的格式编排。

要在文本中插入一个空表，首先要定位插入点。

方法 1：选择"插入"选项卡，单击"表格"按钮，在下拉列表的示意表格中，按住鼠标左键，向右下方拖动至所需的行、列数，可创建规则的表格（页面范围内的表格），如图 4-2-10 所示。

方法 2：选择"插入"选项卡，单击"表格"按钮，在下拉列表中选择"插入表格"命令，打开"插入表格"对话框，输入所需的行、列数，可以快速创建规则的表格（一页以上的大表格或小表格）。

方法 3：选择"插入"选项卡，单击"表格"按钮，在下拉列表中选择"绘制表格"命令，鼠标指针变为笔形状。单击"表格工具"选项卡中的"擦除"按钮，鼠标指针变为橡皮擦形状，就可以如同拿着笔和橡皮一样在屏幕上方便自如地绘制表格。

图 4-2-10　插入表格

空白表格绘制完成后，单击某个单元格，便可输入文字或插入图形。只是注意，当某个单元格中输入的文字等对象过多时，表格会自动折行，从而改变表格的整体结构。所以在绘制自由表格时，应事先充分考虑各单元格的大小，留足余地。

2. 表格使用小技巧

（1）选定表格及行、列、单元格。

把鼠标指针移动到 WPS 表格的左上角，当鼠标指针变成十字箭头时，单击即可选定整个表格；当鼠标指针移动到某单元格的左边时，鼠标指针变成实心的向右向上黑箭头时单击，则可选定该单元格，如果双击，则选定整行。

（2）插入新行、新列。

鼠标移到表格时，表格右侧和下方会出现悬浮"+"按钮，单击右侧的"+"按钮则在表格右侧插入新列，单击下方的"+"按钮则在表格下方插入新行。

（3）删除行、列。

选中某行或某列时右击，在弹出的快捷菜单中选择"删除行"或"删除列"命令即可。也可同时删除多个行或列。

（4）删除表格。

选定表格或某一部分后，单击"表格工具"选项卡中的"删除"按钮，在弹出的下拉列表中选择删除的项目（单元格、列、行、表格）。选定表格或表格中的某一部分后，不能直接按【Delete】键删除；如果直接按此键，删除的只是内部的字符，而不能删除表格。如果同时按住【Shift】键和【Delete】键，则可以删除表格。

（5）调整表格单元格的宽度和高度。

将鼠标指针停留在表格的竖直框线上，直到鼠标指针变成" ·‖· "形状，按住鼠标左键，窗口中出现一条竖直的虚线，此时拖动鼠标指针可以进行表格宽度的调整。将鼠标指针停留在表格的水平框线上，直到鼠标指针变成"÷"形状，按住鼠标左键，窗口中出现一条水平的虚线，此时拖动鼠标指针可以调整其高度。

（6）移动表格。

将光标停留在表格内部。当表格移动控点出现在表格左上角后，将鼠标指针移动到控点上方，片刻后鼠标指针即可变成四向箭头光标，此时可以将表格拖动到页面的任意位置上。

（7）整体缩放表格。

将光标停留在表格内部，直到表格尺寸控点（一个口字）出现在表格右下角。移动鼠标指针至表格尺寸控点上，出现向左倾斜的双向箭头后，沿箭头指示方向拖动即可实现表格的整体缩放。

任务三　设计与制作电子简报

本任务以制作"旅游与健康"电子简报（图 4-3-1）为例，介绍 WPS 中图文混排的各种操作。通过本任务，读者可以学会如下操作。

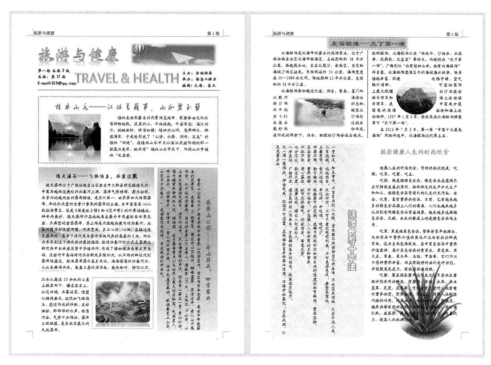

图 4-3-1　电子简报效果

- 插入和设置艺术字。
- 创建及设置文本框。
- 利用分栏排版。
- 插入、编辑图片及设置图片的格式。
- 插入形状。

电子简报可以将文本框、图片、图形、表格等多种元素进行综合运用，其版面设计应遵循协调的原则，将不同的文字和图片素材合理地安放到页面上，再进行细节的处理，力求做到美观大方。

操作一 设置版面

操作要求：在 D 盘的"WPS 文字"文件夹中新建一个名为"电子简报.docx"文档，简报的文字及图片素材需要事先准备好，首先来进行版面设置。

1. 设置页面

双击 WPS 工作界面标尺处，打开"页面设置"对话框，在"页边距"选项卡中设置页边距为上"2 厘米"、下"2 厘米"、左"2 厘米"、右"2 厘米"，方向为"纵向"，如图 4-3-2 所示。

2. 添加版面

（1）将光标定位在文档的开始处。

（2）选择"页面布局"选项卡，单击"分隔符"按钮，选择下拉列表中的"分页符"命令，则在文档的开始处插入一个空白页，如图 4-3-3 所示。

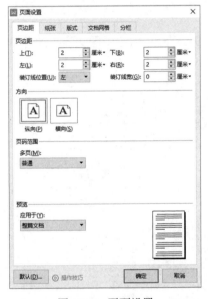

图 4-3-2 页面设置

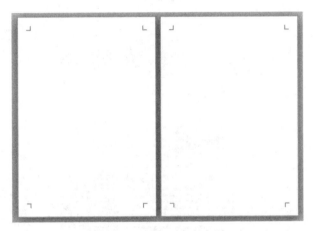

图 4-3-3 插入一个空白页

3. 设置页眉和页脚

页眉和页脚是指在每一页顶部和底部加入的信息。

（1）选择"插入"选项卡，单击"页眉页脚"按钮，进入页眉编辑状态，如图 4-3-4 所示。

图 4-3-4 页眉编辑状态

（2）将光标置于第 1 页的页眉左端，输入"旅游与健康"。单击页眉处的"插入页码"按钮，在弹出的下拉列表中选择"样式"为"第 1 页"，位置为"右侧"，应用范围为"整篇文档"，如图 4-3-5 所示，单击"确定"按钮。

（3）将光标置于新插入的页码处，将"第 1 页"的"页"改为"版"。

（4）选择页眉中的文字，在"开始"选项卡中，将页眉的文字设置为"宋体""5 号""粗体"。单击"页眉页脚"选项卡中的"页眉横线"按钮，为页眉添加横线。单击"页眉页脚"选项卡中的"关闭"按钮，退出页眉编辑状态，得到如图 4-3-6 所示的页眉效果。

图 4-3-5 插入页码

图 4-3-6 页眉效果

操作二 设计版面

制作电子简报的首要步骤就是进行版面设计，需要事先思考好如何划分不同的区域，以及各个区域中应存放哪些文字、图片、图表，需要有什么特殊显示效果，简报主要表达和传达的是什么，要突出重点。

1. 第 1 版的版面设计

（1）按照如图 4-3-7 所示的第 1 版的内容，确定版面设计的大体轮廓，利用文本框绘制出整体布局的基本轮廓，如图 4-3-8 所示。

图 4-3-7 第 1 版效果

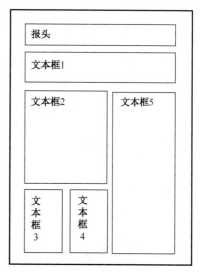

图 4-3-8 第 1 版的版面设计的大体轮廓

（2）将各篇文章的文字复制到相应的文本框中，大致调整各个文本框的大小，使版面更加紧凑。

（3）第1版中的报头设计与制作是整个电子简报的重点。

2. 第2版的版面设计

（1）按照如图 4-3-9 所示的第 2 版的内容，确定版面设计的大体轮廓，利用文本框绘制出整体布局的基本轮廓，鉴于在文本框和表格中的文字不能进行分栏，"北海银滩——天下第一滩"一文不能用表格或文本框进行布局。第 2 版的版面设计的大体轮廓如图 4-3-10 所示。

（2）"健康长寿十字法"文本框的文字方向为垂直方向。

图 4-3-9　第 2 版效果

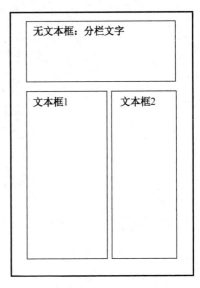

图 4-3-10　第 2 版的版面设计的大体轮廓

操作三　设计艺术效果

1. 确定报头的元素布局

报头必须紧密配合主题内容，形象生动地反映手抄报的主要思想，报头的设计必须美观协调，能吸引人。报头一般由主题图形、报头文字和几何形体色块或花边组成，或严肃或活泼，或方形或圆形，或素雅或重彩。

本案例通过艺术字、彩色装饰横线、图片、文字等元素进行报头的设计。制作如图 4-3-11 所示的报头，报头由两个艺术字、两个文本框、一张插图和一条横线组成。

图 4-3-11　报头的版面设计

2. 插入艺术字标题

（1）将光标定位到第 1 页左上角报头标题的位置。

（2）选择"插入"选项卡，单击"艺术字"按钮，在"艺术字"下拉列表中选择一个样式，此处选择第 1 行第 7 列的"渐变填充-钢蓝，"，即可插入艺术字。创建好艺术字之后，当选择艺术字时，标题栏中将出现"绘图工具"和"文本工具"选项卡，如图 4-3-12 所示。

图 4-3-12　插入艺术字

（3）选择"文本工具"选项卡，设置艺术字字体为"华文新魏"，字号为"初号"。单击"文本轮廓"下拉按钮，在下拉列表中选择主题颜色"巧克力黄，着色 2，浅色 40%"，即可得到如图 4-3-13 所示的艺术字。

旅游与健康

图 4-3-13　艺术字 1

（4）在报头相应位置再插入一个艺术字"TRAVEL & HEALTH"，字体为"华文彩云"，字号为"小初"，并调整其位置，效果如图 4-3-14 所示。

TRAVEL & HEALTH

图 4-3-14　艺术字 2

3．插入图片

（1）将光标定位到需要插入图片的位置上。

（2）单击"插入"选项卡中的"图片"按钮，打开"插入图片"对话框，选择需要的图片，单击"确定"按钮。

（3）在图片右侧出现的浮动工具栏中，单击"布局选项"按钮，选择文字环绕方式为"浮于文字上方"，如图 4-3-15 所示。

图 4-3-15　在浮动工具栏中选择"浮于文字上方"

（4）选择“图片工具”选项卡，单击“图片效果”按钮，在下拉列表中选择“柔化边缘”→“10 磅”，调整图片大小，将图片移至合适的位置。

4．插入文本框

单击“插入”选项卡中的“文本框”下拉按钮，在弹出的下拉列表中选择“横向”命令，在相应位置拖动鼠标指针至适当位置，即可得到一个文本框，向文本框中输入文字，并调整其位置，文字字体为“华文新魏”，字号为“5 号”，文字颜色为主题颜色“矢车菊蓝，着色 1，深色 50%”，效果如图 4-3-16 所示。

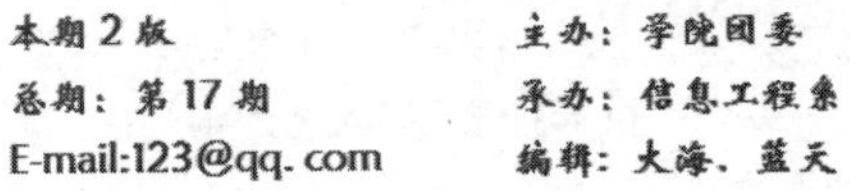

本期 2 版
总期：第 17 期
E-mail:123@qq. com
主办：学院团委
承办：信息工程系
编辑：大海、蓝天

图 4-3-16　报头文本框

5．插入分隔横线

单击“插入”选项卡中的“形状”按钮，选择下拉列表中的“直线”命令，在报头的下方绘制一条横线。

6．组合报头元素

（1）按住【Shift】键，依次单击要组合的元素，如图 4-3-17 所示。

组合
旅游与健康
第一期 本期 2 版
总期：第 17 期
E-mail:123@qq.com
TRAVEL & HEALTH
主办：学院团委
承办：信息工程系
编辑：大海、蓝天

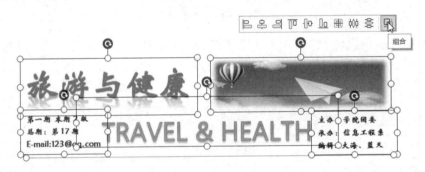

图 4-3-17　组合报头

（2）在图片上方出现的悬浮工具栏中单击“组合”按钮，完成组合操作，此时表头各元素可作为一个整体进行移动和操作。

（3）至此，完成报头的艺术设计，如图 4-3-18 所示。

旅游与健康
第一期 本期 2 版
总期：第 17 期
E-mail:123@qq.com
TRAVEL & HEALTH
主办：学院团委
承办：信息工程系
编辑：大海、蓝天

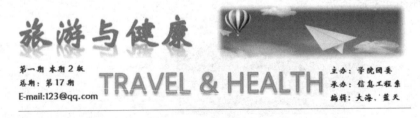

图 4-3-18　报头效果图

操作四　排版内容

1．在相应的文本框中输入文字及设置文字的格式

将素材中的文字内容依次复制到相应的文本框中，设置各文本框中文字的字体和字号。

（1）将各篇文章的正文设置为楷体、五号。

（2）各文章的标题文字设置如下。

● "桂林山水——江作青罗带，山如碧玉簪"设置为艺术字，字体为"华文行楷"，字号为"二号"，颜色为"绿色"。

● "德天瀑布——飞珠溅玉，水雾迷蒙"设置为"方正舒体，四号，黑色"。

● "青秀山公园——奇山异卉，四季常开"设置为"方正舒体，三号"，颜色为"主题颜色-矢车菊兰，着色 5，深色 25%"。

● "北海银滩——天下第一滩"设置为"隶书，小二，标准色-蓝色"，设置标题的边框和底纹为 1.5 磅的波浪线和橙色的底纹，应用于文字，如图 4-3-19 所示。

● "健康长寿十字法"设置为"华文彩云，二号，标准色-绿色"，标题和内容的文字方向均为竖排。设置文本框的背景为羊皮纸纹理。

● "教你健康人生的时尚饮食"设置为楷体，三号，主题色为橙色，个性色 6。

2. 设置和调整各文本框的格式

（1）用鼠标选取需调整的文本框，当鼠标指针变成" "形状时拖动鼠标指针进行文本框位置的调整。

（2）用鼠标选取文本框（出现控点），如图 4-3-20 所示，将鼠标指针移动到控点处（鼠标指针变成双向箭头），拖动鼠标指针进行文本框大小的调整。

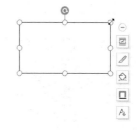

图 4-3-19　小标题　　　　　　　　　　图 4-3-20　文本框的控点

（3）用鼠标选取需调整的文本框，右击，在弹出的快捷菜单中选择"设置对象格式"命令，打开"属性"窗格，如图 4-3-21 所示。

图 4-3-21　"属性"窗格

（4）通过设置"填充"属性，可调整文本框的背景色和透明度。例如，第 1 版中的文本框 2 和文本框 5 分别设置了图片填充和渐变填充，而第 2 版中的文本框 1 则设置了纹理填充——羊皮纸。

（5）通过设置线条的属性，可调整文本框边框的颜色、虚实、线型、粗细等属性。例如，第 1 版中的文本框 1 和文本框 4 分别设置了蓝色的虚线边框和橙色的短画线边框，而文本框 2、文本框 3 和文本框 5 的边框均设置为无色，即形状轮廓为无。第 2 版中的文本框 2 的边框也是无色填充。插入文本框时，其底纹默认都是白色的，在第 2 版的文本框 2 中，将其文本框的底纹设置为无色，插入的图片的版式设置为"衬于文字下方"，得到如图 4-3-22 所示的效果。

3. 插入及设置图片

（1）插入图片、修改样式。

① 单击需要插入图片的相应位置。

② 单击"插入"选项卡中的"图片"按钮，打开"插入图片"对话框，选择需要的图片，单击"确定"按钮。

③ 选中图片，在"图片工具"选项卡中可以对图片进行调整、修改样式、排列和大小设置等。例如，修改第 1 版中的文本框 1 中的图片效果为"倒影"→"倒影变体"→"紧密倒影，接触"，效果如图 4-3-23 所示。

图 4-3-22　设置文本框底纹和图片版式　　　　图 4-3-23　修改后的图片效果

（2）修改版式，设置文字环绕方式。

制作出比较美观的图文并茂的文档，往往需要按照版式要求安排图片的位置。WPS 中有 3 种方法可以设置图片的文字环绕方式，从而使图片的位置能够灵活移动。

① 第一种方法。

选中想要设置文字环绕的图片。

单击"图片工具"选项卡中的"环绕"按钮。

在弹出的下拉列表中可以选择"嵌入型""四周型环绕""紧密型环绕""衬于文字下方""浮于文字上方""上下型环绕""穿越型环绕"来设置图片的文字环绕方式，如图 4-3-24 所示。

② 第二种方法。

右键单击要设置文字环绕的图片，在弹出的下拉列表中选择"其他布局选项"命令，打开"布局"对话框，如图 4-3-25 所示。

③ 第三种方法。

单击图片右侧出现的快速工具栏中的"布局选项"按钮。

（3）形状与图片的结合。

形状与图片结合可以很容易地制作出不规则的图形。

图 4-3-24 "环绕"下拉列表   图 4-3-25 "布局"对话框

单击"插入"选项卡中的"形状"按钮，在弹出的下拉列表中选择其中的一种图形，如"圆角矩形"或"椭圆形"，然后为形状添加图片背景，就可以得到不规则的图片形状，如图 4-2-26 和图 4-2-27 所示。

图 4-3-26 圆角矩形图片

图 4-3-27 椭圆形图片

调整图片的大小，修改图片的版式，将图片移至合适的位置。

4. 利用分栏进行页面排版

第 2 版的"北海银滩——天下第一滩"一文按排版的要求进行分栏显示并插入图片，因此不能用文本框进行排版，这里采用 WPS 的分栏方法进行排版，具体操作步骤如下。

（1）选定该篇文章的所有段落，包括段落标记。

（2）单击"页面布局"选项卡中的"分栏"按钮，选择下拉列表中的"更多分栏"命令，打开"分栏"对话框，如图 4-3-28 所示。

（3）在"预设"选项组中选择"两栏"选项，"宽度和间距"参数不调整，选中"分隔线"复选框，在"应用于"下拉列表中选择"所选文字"选项，单击"确定"按钮。

（4）插入相应图片，并对图片的环绕方式、大小、位置进行调整。分栏后的排版效果如图 4-3-29 所示。

完成以上操作，再对一些细节进行调整使之更加协调美观，一份完整的电子简报的设计与制作就完成了。

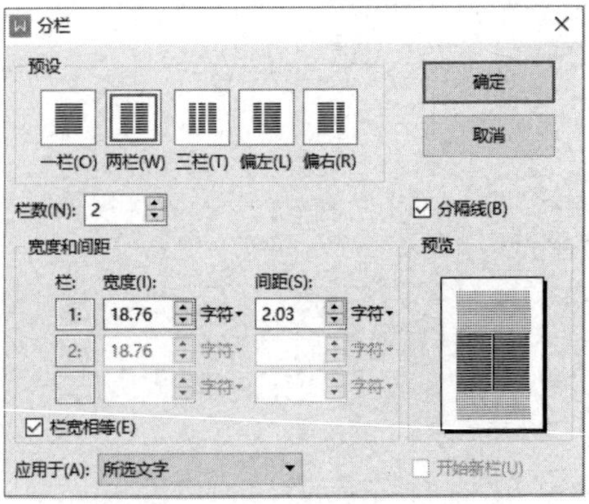

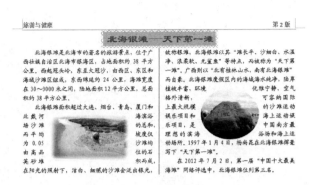

图 4-3-28 “分栏”对话框

旅游与健康　　第 2 版

北海银滩——天下第一滩

北海银滩是北海市的著名的旅游景点，位于广西壮族自治区北海市银海区，占地面积约 38 平方公里，西起冠头岭，东至大冠沙，由西区、东区和海域沙滩区组成，东西绵延约 24 公里，海滩宽度在 30～3000 米之间，陆地面积 12 平方公里，总面积约 38 平方公里。

北海银滩面积超过大连、烟台、青岛、厦门和北戴河海滨浴场沙滩的总和，而平均坡度仅为 0.05，沙滩均由高品位的石英砂堆积而成，在阳光的照射下，洁白、细腻的沙滩会泛出银光，故称银滩。北海银滩以其“滩长平、沙细白、水温净、浪柔软、无鲨鱼”等特点，而被称为“天下第一滩”。广西则以“北有桂林山水，南有北海银滩”而自豪。北海银滩度假区内的海域海水纯净，陆岸植被丰富，环境优雅宁静，空气格外清新，可容纳国际上最大规模的沙滩运动娱乐项目和海上运动娱乐项目，是中国南方最理想的滨海浴场和海上运动场所。1997 年 1 月 4 日，杨尚昆在北海银滩挥毫写下“天下第一滩”。

在 2012 年 7 月 2 日，第一届“中国十大最美海滩”网络评选中，北海银滩位列第三名。

图 4-3-29 分栏后的排版效果图

相关知识

1. 使用智能图形

使用智能图形的特殊效果，可快速形成独特的组织结构，突出文字的特殊内涵。

（1）将光标定位在需要插入智能图形的位置。

（2）选择“插入”选项卡，单击“智能图形”按钮，在弹出的下拉列表中选择“智能图形”命令，打开“选择智能图形”对话框，如图 4-3-30 所示。

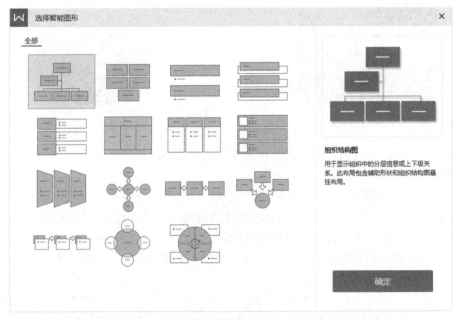

图 4-3-30 “选择智能图形”对话框

（3）选择“组织结构图”选项，单击“确定”按钮，在文档中插入组织结构图，如图 4-3-31 所示。

（4）选中该图形，在“设计”选项卡中可以更改样式、更改颜色；还可以添加形状，并在文本框中添加文字。制作完成的组织结构图如图 4-3-32 所示。

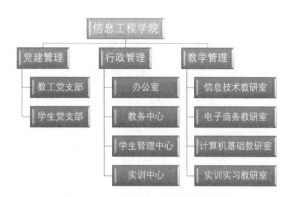

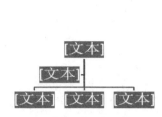

图 4-3-31　组织结构图　　　　　　图 4-3-32　制作完成的组织结构图

2. 分栏知识

报纸、杂志等新闻稿的排版，常常将版面分成多栏，使得版面更加丰富。在 WPS 中设置分栏是很容易的，只是分栏前选定的文本是否含有段落标记往往是分栏能否成功的关键。

因此，选定需要分栏的文本时，如果对文档的最后一段分栏，必须在最后加回车符，即在选定文本的后面留出一个段落标记（空段落）不要选取。然后单击"页面布局"选项卡中的"分栏"按钮，在弹出的下拉列表中选择"更多分栏"选项，打开"分栏"对话框，在"分栏"对话框中设定分栏数和是否需要分隔线即可。

只有在页面视图下才能见到分栏设置的效果，在水平标尺上也可看得到分栏的划分。分栏必定分节，要删除分栏，可切换到大纲视图下删除分节线，或者选取已经设置分栏的文本，再做一次分栏操作且设定分栏数为 1。

3. 文本框的链接

在使用 WPS 制作手抄报、宣传册等文档时，往往会使用多个文本框进行版式设计。通过在多个文本框之间创建链接，可以在当前文本框中充满文字后自动转入所链接的下一个文本框中继续输入文字。链接多个文本框的步骤如下。

（1）在文档中绘制多个文本框，调整文本框的位置和大小，并选中第 1 个文本框。

（2）可以在第 1 个文本框中添加超出文本框容量的大量文字，被链接的文本框必须是空白文本框，如果被链接的文本框为非空文本框将无法创建链接。右键单击第 1 个文本框，在弹出的快捷菜单中单击"创建文本框链接"按钮。

（3）当鼠标指针变成水杯形状时，将鼠标指针移动到准备链接到的下一个文本框的内部，当鼠标指针变成倾斜的水杯形状时单击即可创建链接，如图 4-3-33 所示。

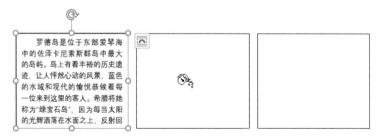

图 4-3-33　链接文本框 2

（4）重复上述步骤可以将第 2 个文本框链接到第 3 个文本框，如图 4-3-34 所示，以此类推可以在多个文本框之间创建链接。

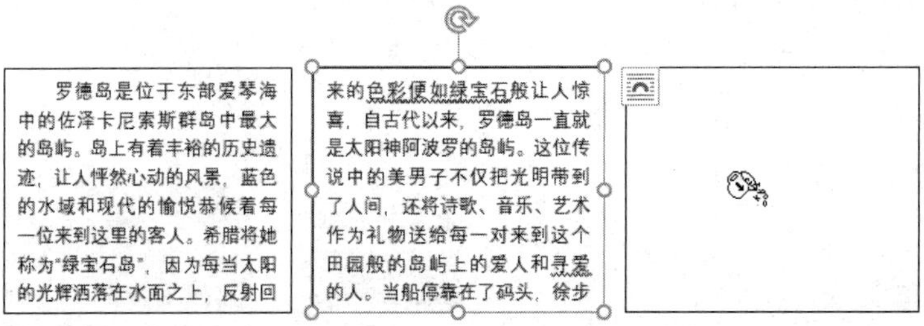

罗德岛是位于东部爱琴海中的佐泽卡尼索斯群岛中最大的岛屿。岛上有着丰裕的历史遗迹，让人怦然心动的风景，蓝色的水域和现代的愉悦恭候着每一位来到这里的客人。希腊将她称为"绿宝石岛"，因为每当太阳的光辉洒落在水面之上，反射回

来的色彩便如绿宝石般让人惊喜，自古代以来，罗德岛一直是太阳神阿波罗的岛屿。这位传说中的美男子不仅把光明带到了人间，还将诗歌、音乐、艺术作为礼物送给每一对来到这个田园般的岛屿上的爱人和寻觅的人。当船停靠在了码头，徐步

图 4-3-34　链接文本框 3

如果需要创建链接的两个文本框应用了不同的文字方向设置，将提示用户后面的文本框将与前一个文本框保持一致的文字方向。如果前面的文本框中尚未充满文字，则后面的文本框将无法直接输入文字。

4. 提取文档中的图片

（1）提取 WPS 文档中的单张图片。

打开需要提取图片的 WPS 文档，右击需要提取的图片，在弹出的快捷菜单中选择"另存为图片"命令，如图 4-3-35 所示。打开"保存文件"对话框，给定一个图片文件名称，单击"保存"按钮，相应的图片就被单独保存下来了。

（2）提取 WPS 文档中的全部图片。

如果对一份图文混排的 WPS 文档爱不释手，如何把文档中的所有图片快速提取出来呢？操作方法如下。

打开需要提取图片的 WPS 文档，打开"另存为"对话框，将保存类型设置为"网页"，给定一个文件名（如"图片"），再单击"保存"按钮，如图 4-3-36 所示。

图 4-3-35　选择"另存为图片"命令

图 4-3-36　保存 WPS 文档中的全部图片

然后进入上述网页文件所在的文件夹中，发现有一个名称为"文件名.files"（如"图片.files"）的文件，进入其中会发现 WPS 文档中的图片被保存在里面了。

任务四　设计与制作毕业论文

本任务以毕业论文（图 4-4-1）的设计与制作为例，介绍 WPS 中长文档的操作。通过本任务，

读者可以学会如下操作。

- 为文档分节。
- 创建、修改与应用样式。
- 自动创建目录。
- 插入页眉和页脚。

操作一 了解毕业论文的格式编辑规范要求

操作要求：在 D 盘的"WPS 文字"文件夹中新建一个名为"毕业论文.docx"的文档，毕业论文的文字素材需要事先准备好，首先了解有关毕业论文的编辑规范要求。

1. 毕业论文的结构划分

毕业论文的排版属于长文档排版。长文档是指页数较多的文档，内容多，结构复杂，如一本教科图书、一篇商业报告、一份产品说明书等都是典型的长文档。

毕业论文的排版按顺序一般应该包括以下内容：论文题目、目录、摘要、绪论、正文、总结、致谢、参考文献、附录等。

毕业论文或各种科技论文都是有严格的格式编排规范要求的，而且要求各级标题统一。

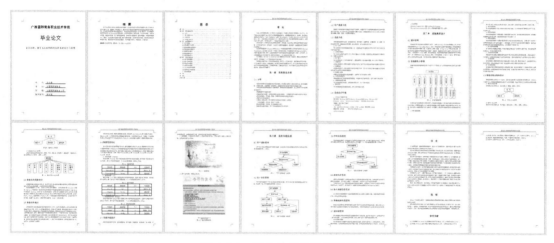

图 4-4-1 毕业论文的最终效果

2. 毕业论文对页面的格式规范要求

（1）使用 A4 打印纸纵向打印。

（2）页边距：上 2.8 厘米，下 2.2 厘米，左 2.5 厘米，右 2.5 厘米（左边装订）。

（3）页眉和页脚。

① 页眉和页脚各 1.5 厘米。

② 封面、目录页、摘要无页眉。从绪论及论文正文开始设置页眉；奇数页的页眉为论文名称，居中；偶数页的页眉为章名，居中。

③ 封面、目录页脚无页码。正文页脚页码编号为 1、2、3……；起始页码为 1；位置为居中；字号为小五号字；字体为宋体。

3. 毕业论文正文章节标题的层次编排规范要求

一定要分为若干章节，各级章节标题的层次必须顺序编号。章节标题编号统一用阿拉伯数字表示，分为若干级，各级编号之间加一小圆点，最后一级编号的后面不加小圆点，层次分级一般以不超过 4 级为宜，如表 4-4-1 所示。

表 4-4-1　毕业论文正文章节标题的层次编排规范

第一级（章标题）	第二级（节标题）	第三级（目标题）	第四级（项标题）
第 1 章	1.1	1.1.1	1.1.1.1
第 1 章	1.2	1.2.1	1.2.1.1
...	...	...	...
第 n 章	n.1	n.1.1	n.1.1.1

标题编号层次的编排格式：章标题（一级）居中，其余各节标题编号一律左顶格，编号后空一个字距，再写章节标题名。标题名下面的文字一般另起一行，如在各节标题以下仍需分层，则通常用 a、b 或 1）、2）编号，左起空两个字距。

4. 毕业论文字体和段落格式的规范要求

（1）封面内容要求包含以下几项。

① 学院名称，格式为：黑体、一号字、居中。

② "毕业论文"字样，格式为：宋体、初号字、居中。

③ 论文名称，格式为：宋体、小二号字、居中。

④ 姓名、专业、班级、指导教师等信息，格式为：宋体、三号字、居中。

（2）目录、摘要的标题格式为："目录"两个字中间有空格，黑体、二号字、居中。

摘要正文的格式为：宋体、五号字、首行缩进 2 个字符、单倍行距。

关键词的格式为："关键词" 3 个字为黑体、五号字、无缩进，关键词用宋体、五号字。

（3）章标题（标题 1）的格式为：宋体、小二、加粗、居中、2 倍行距，段前和段后间距为 12 磅。

（4）节标题（标题 2）的格式为：宋体、三号、加粗、1.5 倍行距，段前和段后间距为 10 磅。

（5）正文内容的格式为：宋体、五号字、首行缩进两个字符、单倍行距。

操作二　设置毕业论文的页面

1. 页面设置

将准备好的文字素材复制到上述新建的"毕业论文.docx"文档中，完成以下工作。

（1）双击标尺处，打开"页面设置"对话框，如图 4-4-2 所示。

图 4-4-2　"页边距"选项卡

（2）在"页边距"选项卡中，默认纸张方向为"纵向"；在"页边距"选项组中，设置上边距为"2.8 厘米"，下边距为"2.2 厘米"，左边距为"2.5 厘米"，右边距为"2.5 厘米，装订线为"1厘米"；在"页码范围"选项组中，设置多页为"普通"，在"预览"选项组中，设置应用范围为"整篇文档"。

（3）在"纸张"选项卡中，采用默认的 A4 打印纸。

（4）在"版式"选项卡中，将页眉和页脚设置为"首页不同"；距边界页眉和页脚各为"1.5厘米"；单击"确定"按钮，如图 4-4-3 所示。

2．文档属性

文档属性是一个文件的详细信息，可用于帮助识别该文件，如描述性的标题、作者名、主题及标志主题或文件中其他重要信息的关键词。使用文档属性可显示有关文件的信息或者帮助组织文件，以便今后更加容易地找到它们。还可以基于文档属性来搜索文档。

本案例文档属性的参数设置要求如下。

标题（论文名称）：基于 B/S 结构的校友录系统设计与实现

作者：王小强

单位：计算机网络 1 班

操作步骤如下。

单击"文件"菜单，在弹出的下拉列表中选择"文档加密"→"属性"命令，打开"属性"对话框，按要求分别填写文档的标题、作者及单位，如图 4-4-4 所示。

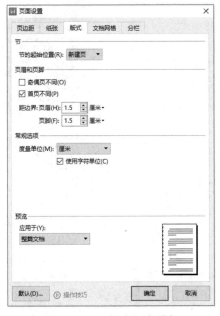

图 4-4-3　"版式"选项卡

图 4-4-4　"摘要"选项卡

操作三　设置大纲级别

大纲视图是一种工作模式，大纲视图使用格式来表示层次结构，它提供了更清晰、更有条理的工作方法，可以帮助作者对自己的思想进行安排和组织。在大纲视图中用缩进文档标题的形式代表标题在文档结构中的级别，能从宏观上显示出文档的结构，是组织长文档最有效的视图方式。大纲视图主要用于显示和调整文档的结构（如章、节等），可折叠或展开正文和各级标题，可像查看目录一样查看和编辑各级标题，大纲视图中的缩进和符号并不影响文档在其他视图中的外观，而且也不会打印出来。

在大纲视图中可以方便地通过拖动标题实现对大段文字的复制、移动和调整，对长文档的编辑尤为有用。显然，大纲视图是一种组织长文档最方便的编辑视图方式。

单击"视图"选项卡中的"大纲"按钮，打开"大纲"选项卡，如图 4-4-5 所示。

图 4-4-5 "大纲"选项卡

大纲级别用于为文档中的段落指定等级结构（"1 级"至"9 级"）的段落格式。大纲级别决定了文本在大纲中的地位，WPS 提供了 9 级大纲级别和一个正文级别。在"大纲"选项卡中，单击"上移""下移"可向上或向下移动标题和文字，单击"提升""降低"可对文本进行升级或降级以重新组织标题和文字，如图 4-4-6 所示。

提升（向前的箭头）：将正文文本更改为标题，或将标题更改为更高级别的标题。

降低（向后的箭头）：将标题更改为较低标题级别。

选择相应文本，设置其大纲级别如下。

1 级：绪论、第一章、第二章……

2 级：1.1、1.2、1.3……

大纲级别设置完之后，可以显示级别，如设置图 4-4-5 中的"显示级别"中的数字为"2 级"，即可显示 1 级和 2 级的大纲文字。大纲级别设置完之后，单击"大纲"选项卡中的"关闭"按钮，返回最常用的页面视图中继续进行编辑。

图 4-4-6 毕业论文的
大纲级别

操作四 为毕业论文分节

依照毕业论文的编写规范要求，应该包括以下内容：① 论文封面；② 目录；③ 摘要；④ 绪论；⑤ 正文；⑥ 总结；⑦ 致谢；⑧ 参考文献；⑨ 附录（可选项）。整个文档按排版的需要，用分节符将其划分为 4 个部分（即四节），如图 4-4-7 所示。

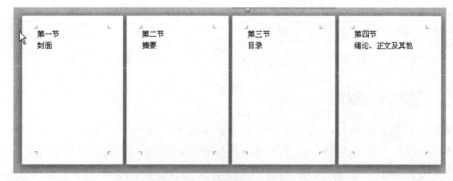

图 4-4-7 毕业论文的分节结构

（1）将光标定位在准备插入分节符的位置，如"摘要"前。

（2）单击"页面布局"选项卡中的"分隔符"按钮，在弹出的下拉列表中选择"下一页分节符"，即可在此处完成分节符的插入。WPS 中有 4 种不同类型的分节符。

① 下一页：插入分节符并在下一页上开始新节。

② 连续：插入分节符并在同一页上开始新节。

③ 偶数页：插入分节符并在下一偶数页上开始新节。

④ 奇数页：插入分节符并在下一奇数页上开始新节。

（3）重复以上步骤，再插入两个"下一页"分节符，即可将毕业论文按内容结构划分成 4 个部分。

（4）单击"文件"菜单，在弹出的下拉菜单中选择"选项"命令，打开"选项"对话框，将格式标记全部勾选，则可以看到如图 4-4-8 所示的"分节符"，需要删除分节符时只需要将光标定位在分节符处，按【Delete】键即可。

图 4-4-8　大纲视图中的分节符

操作五　修改及应用样式

1. 了解样式

样式就是一系列格式的集合，是一组已经命名的字符和段落格式。它规定了文档中标题、正文等各个文本元素的格式。样式按照需求分为字符样式和段落样式。字符样式包含一套字符的格式，如字体、字形、字号、文字修饰等。段落样式除包含所有的字符样式外，还包含一些段落格式，如段落缩进、对齐方式、间距、边框底纹等。用户可以使用样式定义文档中的各级标题，如内置标题样式"标题 1""标题 2""标题 3"等，就可以智能化地制作出文档的标题目录。

在操作三中我们利用了 WPS 的大纲视图对毕业论文进行了编辑，将 WPS 的内置标题样式应用到了毕业论文的章节标题上，已经能够很好地组织编写和修订毕业论文。但是，这些内置的样式并不符合毕业论文排版的字体和段落格式的规范要求，我们必须对应用到的内置标题样式进行修改。如果对某一已经应用于文档的样式进行了格式修改后，系统会自动更新所有应用此样式的文本段落格式。

使用样式能减少许多重复的操作，使本来需多次重复的格式化操作变得简单快捷，且可保持整篇文档的格式协调一致，在短时间内排出高质量的文档。

2. 修改毕业论文章节标题的样式

（1）单击"开始"选项卡"预设样式"组中的下拉按钮，在弹出的列表中选择"显示更多样式"命令，打开"样式和格式"窗格。

（2）将光标定位到某一个 1 级标题段落上（如"第一章　系统需求分析"），则在"样式和格式"窗格中显示"标题 1"的样式名称。

（3）单击该样式右侧的下拉按钮，在弹出的下拉列表中选择"修改"选项，如图 4-4-9 所示，打开"修改样式"对话框，如图 4-4-10 所示。

（4）在"修改样式"对话框中设置中文字体为"宋体"，字形为"加粗"，字号为"小二"。

（5）单击"修改样式"对话框左下角的"格式"按钮，在弹出的下拉列表中选择"段落"选项，打开"段落"对话框，在"缩进和间距"选项卡中设置对齐方式为"居中对齐"，大纲级别为

"1 级"，特殊格式为"无"，如图 4-4-11 所示。单击"确定"按钮，则修改后的样式会自动应用于所有 1 级标题，到此论文章标题样式设置完成。

图 4-4-9 修改样式

图 4-4-10 "修改样式"对话框

（6）论文节标题通过修改"标题 2"样式得到，字体格式为宋体、三号、加粗；段落格式为大纲级别为 2 级，段前、段后的间距为 10 磅，行间距为 1.5 倍行距。

3. 创建论文正文的样式

（1）将光标定位到论文正文段落上，则在"样式和格式"窗格中显示"正文"的样式名称，这是 WPS 内置的段落样式，我们按照毕业论文的规范要求，创建一个"论文正文"样式。

（2）单击"样式和格式"窗格中的"新样式"按钮，打开"新建样式"对话框，如图 4-4-12 所示。名称为"论文正文"，字体格式为宋体、五号；首行缩进 2 个字符，行间距为单倍行距，单击"确定"按钮。

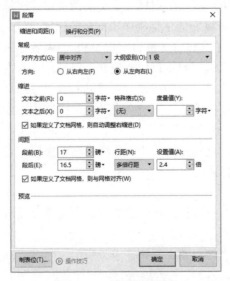

图 4-4-11 设置段落样式

图 4-4-12 创建论文正文样式

（3）将论文正文选中，单击"样式和格式"窗格中的"论文正文"样式名称，即可应用我们创建的"论文正文"样式。

操作六 插入题注

1. 添加图片题注

在 WPS 文字中，可以给表格、图表、图片等添加题注，从而起到说明的作用。添加图片题注的步骤如下。

（1）选中需要添加题注的图片，单击"引用"选项卡中的"题注"按钮，打开"题注"对话框，如图 4-4-13 所示。

（2）在"标签"栏中选择"图"，"位置"栏选择"所选项目下方"，单击"确定"按钮则可以实现在图片下方自动插入以"图 1"开头的题注。

2. 添加表格题注

添加表格题注的方法类似于以上添加图片题注的方法。

图 4-4-13 "题注"对话框

操作七 设置毕业论文的封面和摘要

运用之前所掌握的知识和技能，按照对毕业论文封面和摘要的规范要求进行设置，这里不做详细讲解，设置后的效果如图 4-4-14 所示。

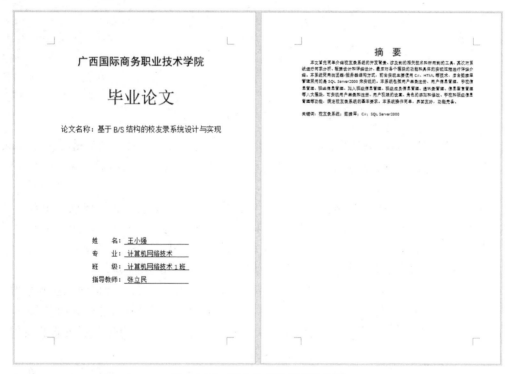

图 4-4-14 毕业论文的封面及摘要

封面及摘要的设置规范如下。

（1）"学院名称"格式：黑体、一号字、居中。

（2）"毕业论文"格式：宋体、初号字、居中。

（3）论文名称格式：宋体、小二号字、居中。

（4）"姓名""专业""班级""指导教师"等信息的格式：宋体、三号字、居中。

（5）目录、摘要标题格式："目录"两个字中间有空格，黑体、二号字、居中。

（6）摘要正文格式：宋体、五号字、首行缩进 2 个字符、单倍行距。

（7）"关键词"格式：这 3 个字为黑体、五号字、无缩进，关键词的内容用宋体、五号字。

操作八　设置页眉和页脚

页眉和页脚是指在每一页顶部和底部加入的信息。这些信息可以是文字或图形，内容可以是文件名、标题名、日期、页码、单位名等。

页眉和页脚的格式如下：

封面、目录页、摘要无页眉页脚。从论文正文开始设置页眉页脚；页眉为论文名称，居中。正文页脚页码编号为 1、2、3；起始页码为 1；位置为居中；字号为小五号；字体为宋体。下面我们来完成页眉及页脚的设置。

1. 设置页眉

（1）单击"插入"选项卡中的"页眉页脚"按钮，进入页眉编辑状态，标题栏中出现"页眉页脚"选项卡，如图 4-4-15 所示。

图 4-4-15　"页眉页脚"选项卡

注意在页眉的左上角显示有"首页页眉-第 1 节-"的提示文字，表明当前是对第 1 节设置页眉。由于第 1 节是封面，不需要设置页眉，因此可单击"页眉页脚"选项卡中的"显示后一项"按钮，显示并设置下一节的页眉。

（2）继续单击"显示后一项"按钮至第 4 节的页眉，注意"页眉页脚"选项卡中有一个"同前节"按钮，通常情况下为按下状态，如图 4-4-16 所示，表示与上一节的页眉相同，而此时要求前 3 节没有页眉，则此处应取消"同前节"的设置，在页眉居中区域输入标题文字"基于 B/S 结构的校友录系统设计与实现"，则文字将只会出现在第 4 节所有页面的页眉中。

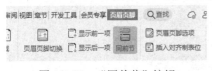

图 4-4-16　"同前节"按钮

（3）单击"页眉横线"按钮，为页眉添加水平线。

（4）单击"页眉页脚"选项卡中的"关闭"按钮，退出页眉编辑状态。用打印预览可以查看各页页眉的设置情况。

2. 设置页脚

（1）双击文档页脚处，进入页脚编辑状态，单击"页眉页脚"选项卡中的"显示后一项"按钮直至第 4 节的页脚，如图 4-4-17 所示。从该页开始的论文正文部分需要添加罗马数字的页码。

图 4-4-17　页脚编辑状态

（2）单击"页眉页脚"选项卡中的"同前节"按钮取消"同前节"设置，表示与上一节的页脚不相。单击页脚上方的"插入页码"悬浮工具按钮，在弹出的列表中选择页码样式为罗马数字格式"1，2，3，…"，位置为"居中"，应用范围为"本页及之后"，如图 4-4-18 所示，单击"确定"按钮，完成页脚的插入。

图 4-4-18　"插入页码"快捷工具

操作九　添加目录

要成功添加目录，应该正确采用带有级别的样式，如"标题 1"～"标题 9"的样式。尽管也有其他的方法可以添加目录，但采用带级别的样式是最方便的一种。经过上面的操作之后，毕业论文可以添加目录了。操作方法如下。

（1）将光标定位到需要插入目录的位置。

（2）单击"引用"选项卡中的"目录"按钮，选择下拉列表中的"自定义目录"命令，打开"目录"对话框，在"显示级别"中可指定目录中包含几个级别，从而决定目录的细化程度。这些级别是来自"标题 1"～"标题 9"样式的，它们分别对应级别 1～9。

（3）单击"确定"按钮，即可插入目录，如图 4-4-19 所示。如页码发生变化需要修改目录时，可以将光标定位在目录区域，右击，在弹出的快捷菜单中选择"更新域"命令即可完成更新。

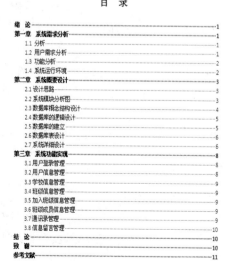

图 4-4-19　毕业论文的目录

至此，我们已经完成了整个毕业论文的排版工作。

相关知识

1. 插入脚注和尾注

脚注和尾注共同的作用是对文字的补充说明，在很多书中，我们经常会看到页面底部或是文章末尾会有相应的脚注或尾注，在 WPS 中可以很轻松地添加这些脚注和尾注。

（1）将光标定位到需要插入脚注或尾注的位置，单击"引用"选项卡中的"插入脚注"或"插入尾注"按钮，如单击"插入脚注"按钮，如图 4-4-20 所示。

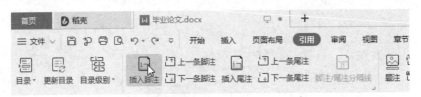

图 4-4-20　"插入脚注"按钮

（2）此时，在刚才选定的位置上会出现一个上标的序号"1"，在页面底端也会出现一个序号"1"，且光标在序号"1"后闪烁，如图 4-4-21 所示。

图 4-4-21　脚注在页脚

提示：如果添加的是尾注，则是在文档末尾出现序号"1"。

（3）此时可以在页面底端的序号"1"后输入具体的脚注信息，这样脚注就添加完成了。

提示：如果在文档中添加多个脚注，WPS 会根据文档中已有的脚注数自动为新脚注排序。添加尾注详细信息的方法与此步骤一样。

如果想删除脚注或尾注，可以选中脚注或尾注在文档中的位置，即在文档中的序号。这里我们选中刚刚插入的脚注，即在文档中的上标序号"1"，然后按【Delete】键，即可删除该脚注。

2. 审阅与修订文档

WPS 的修订功能不仅允许他人对文档做进一步的完善或修改，而且能够知道他人修改了哪些地方，还能够自主选择接受他人的修改或是拒绝他人的修改。

（1）打开要进行修订的文档，并选择"审阅"选项卡。

（2）单击"修订"按钮启动文档修订，修订文档的操作将被记录。

（3）标记文档的最终状态。在修订完毕之后，需要去掉修订标记只显示最终状态。方法是单击"显示以供审阅"下拉按钮，在弹出的下拉列表中选择"最终状态"选项即可去掉修订标记。

去掉修订标记并不表示用户接受了修订。若要接受或是拒绝修订，需要单击"接受"或"拒绝"按钮。

3. 导航窗格

导航窗格主要用于显示 WPS 文档的标题大纲，用户可以单击文档结构图中的标题展开或收缩下一级标题，并且可以快速定位到标题对应的正文内容，导航窗格还可以显示 WPS 文档的缩略图。单击"视图"选项卡中的"导航窗格"按钮可以显示或隐藏导航窗格，如图 4-4-22 所示。

图 4-4-22　显示"导航窗格"

4. 文件保护

在 WPS 中可以为文档设置密码，以避免文档被不经过允许的人查看，从而保护文档安全及个人隐私，具体操作如下。

单击"文件"菜单，选择"文档加密"→"密码加密"命令，打开"密码加密"对话框，根据需要设置打开文件时的密码和修改文件时的密码，如图 4-4-23 所示。

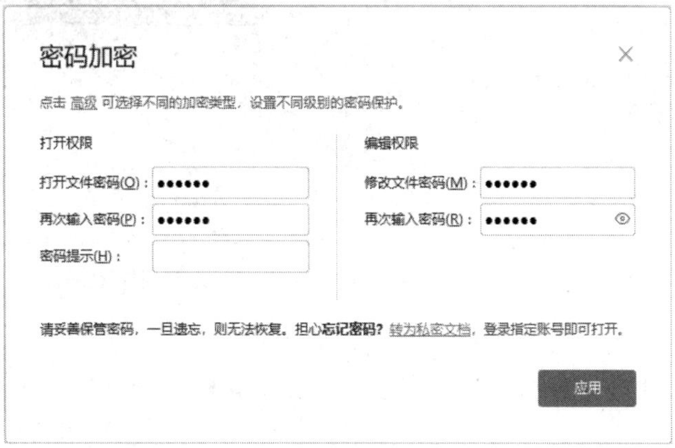

图 4-4-23　"密码加密"对话框

项目训练

一、按以下要求完成"中国北斗卫星系统.docx"文档的制作。

1．设置页面纸张为 A4。页边距：左 3 厘米；右 2.5 厘米；上、下各 2.5 厘米。

2．标题"中国北斗卫星系统"的字体为黑体，字号为一号，颜色为红色，对齐方式为居中，段落行距为 1.5 倍行距，段前、段后间距均为 1.5 行。

3．正文内容的字体为仿宋，字号为小四，段落间距为 1.5 倍行距，首行缩进 2 字符。

4．小标题"北斗的作用""北斗的意义""为 15 亿用户提供北斗高精度服务"文本加粗，并添加项目符号。设置小标题的段前间距为 1.5 行，段后间距为 0.5 行。

5．按效果图插入图片，并设置相应的段落边框。

6．为"北斗的作用""北斗的意义""为 15 亿用户提供北斗高精度服务"文字设置浅蓝色底纹。

7．页面背景色设置为"矢车菊蓝，着色 5 浅色 80%"。

8．实训结果如图 4-5-1 所示。

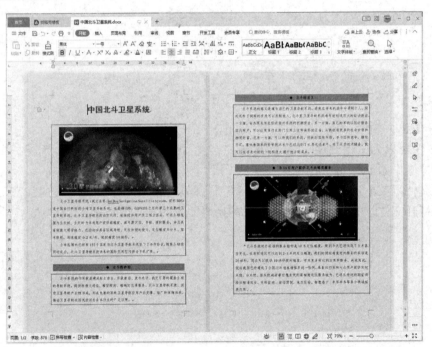

图 4-5-1　"中国北斗卫星系统.docx"文档制作效果图

二、按以下要求完成"个人简历.docx"文档的制作。

1．插入一个 4 列 13 行的表格，编辑表格，进行单元格的合并或拆分。

2．"个人简历"格式设置为微软雅黑，小二，加粗；"吴佳佳""教育背景""工作经验""证书奖励""自我评价"格式设置为宋体，小三，加粗；其余文字格式设置为宋体，小四，行距为固定值 18 磅。

3．调整表格的行高与列宽，让整个表格美观、大方且在一页中完整显示。

4．为表格设置不同的边框和底纹。

5．实训结果如图 4-5-2 所示。

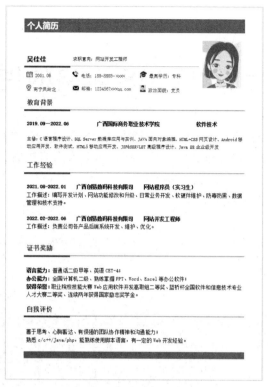

图 4-5-2　个人简历

三、结合学到的 WPS 知识，制作一份电子简报。

要求如下。

1．选择相应的主题，如"美丽家园"和"大学生活"，搜集相关的文字和图片素材。

2．要求有报头和报刊内容两部分，报头要求包含学生个人信息（班级、学号、姓名），并将报头元素进行组合，报刊内容要详略得当，版面均衡协调，图文并茂，美观大方，布局合理。

3．要运用文本框或表格进行版面布局设计，页面设置为 A4，两版。

4．要运用适当的艺术字、形状、分栏等，实现版面的图文混排。

四、从网上下载一篇长文档的文字及图片素材（如文档原来有格式，首先清除格式），文档长度不少于 10 页，运用长文档排版的方法将文档重新排版，要求应用以下知识点。

1．文档分节。

2．设置大纲级别。

3．创建、修改和应用样式。

4．制作页眉和页脚。

5．插入目录。

6．制作封面。

详细的要求读者可以自行设定。

项目五　WPS 表格的使用

WPS 表格是 WPS Office 最常用的三大功能模块之一，它可以进行各种数据的处理、统计分析和辅助决策，广泛应用于数据管理、统计、财经、金融等众多领域。

任务一　制作学生基本信息表

本任务以制作学生基本信息表（图 5-1-1）为例，介绍 WPS 表格文档的基本操作。通过本任务，读者可以学会如下操作。

2021级电子商务班学生基本信息表

学号	姓名	性别	系别	专业	班级	学制	民族	籍贯	出生日期
01912001	黄小明	男	信息工程系	电子商务	2021级电子商务班	三年	汉	广西博白	2000年6月8日
01912002	张静兰	女	信息工程系	电子商务	2021级电子商务班	三年	壮	广西河池	2001年1月27日
01912003	兰玉	女	信息工程系	电子商务	2021级电子商务班	三年	壮	广西河池	2000年6月20日
01912004	高松	男	信息工程系	电子商务	2021级电子商务班	三年	壮	广西河池	2001年12月1日
01912005	赵宇	男	信息工程系	电子商务	2021级电子商务班	三年	汉	广西桂平	2001年1月4日
01912006	黄立清	男	信息工程系	电子商务	2021级电子商务班	三年	侗	广西桂林	2001年4月24日
01912007	王艳宁	女	信息工程系	电子商务	2021级电子商务班	三年	汉	广西贵港	2001年2月9日
01912008	梁美芬	女	信息工程系	电子商务	2021级电子商务班	三年	瑶	广西桂林	2000年12月16日
01912009	汪洋	男	信息工程系	电子商务	2021级电子商务班	三年	汉	广西桂林	2001年7月12日
01912010	贺广文	男	信息工程系	电子商务	2021级电子商务班	三年	汉	广西玉林	1999年12月28日
01912011	刘军	男	信息工程系	电子商务	2021级电子商务班	三年	壮	广西扶绥	2000年12月30日
01912012	黄文建	男	信息工程系	电子商务	2021级电子商务班	三年	壮	广西来宾	2000年10月8日
01912013	张家辉	男	信息工程系	电子商务	2021级电子商务班	三年	汉	广西南宁	2001年12月28日
01912014	唐旋	女	信息工程系	电子商务	2021级电子商务班	三年	汉	广西玉林	2001年9月17日
01912015	彭明	男	信息工程系	电子商务	2021级电子商务班	三年	汉	广西百色	2000年8月11日
01912016	杨江水	男	信息工程系	电子商务	2021级电子商务班	三年	汉	广西钦州	2001年1月5日
01912017	钱惠贤	女	信息工程系	电子商务	2021级电子商务班	三年	汉	广西平南	2000年9月30日
01912018	覃明杰	男	信息工程系	电子商务	2021级电子商务班	三年	壮	广西横县	2000年10月8日
01912019	李清	男	信息工程系	电子商务	2021级电子商务班	三年	汉	广西玉林	2001年4月26日
01912020	江文强	男	信息工程系	电子商务	2021级电子商务班	三年	壮	广西南宁	2000年2月15日
01912021	岑海威	男	信息工程系	电子商务	2021级电子商务班	三年	壮	广西崇左	2001年7月14日
01912022	贝凌	女	信息工程系	电子商务	2021级电子商务班	三年	汉	广西昭平	1999年2月17日
01912023	秦丽君	女	信息工程系	电子商务	2021级电子商务班	三年	汉	广西桂林	1999年3月4日

图 5-1-1　学生基本信息表

- 新建、打开、保存及关闭工作簿。
- 在工作表中输入数据。
- 编辑及格式化工作表。
- 设置页面。
- 预览及打印。

操作一　新建和保存工作簿

操作要求：在 D 盘的"WPS 表格"文件夹中新建一个"2021 级电子商务班学生基本信息表.xlsx"文档，按样文输入一定的数据，并按要求进行设置。

操作步骤如下。

（1）选择"开始"→"所有程序"→"WPS Office"→"WPS Office"命令，打开 WPS Office，单击菜单栏的"新建"按钮，在"新建"界面选择所需类型文件进行新建即可。

（2）我们可以新建空白文档进行编辑，也可以选择合适的模板套用，进行编辑操作，如图 5-1-2 所示，选择"表格"→"新建空白文档"，就新建了一个空白文档，默认的文件名是"工作簿 1.xlsx"。

图 5-1-2　打开 WPS Office

（3）单击快捷访问工具栏中的"保存"按钮，弹出"另存文件"对话框，选择保存位置，如保存在 D 盘的"WPS 表格"文件夹中，将文件名改为"2021 级电子商务班学生基本信息表.xlsx"，如图 5-1-3 所示。

图 5-1-3　保存工作簿

操作二　在工作表中输入数据

1. 输入标题

打开"Sheet1"工作表中，选中 A1 单元格，输入标题"2021 级电子商务班学生基本信息表"，按【Enter】键确认，如图 5-1-4 所示。

2. 输入列标题

在 A2 单元格中输入"学号"，并按【Tab】键或右箭头键，使 B2 单元格成为当前单元格，输入"姓名"。利用同样的方法，可以依次在 C2～I2 单元格区域中输入"性别""系别""专业""班级""民族""籍贯""出生日期"列标题，如图 5-1-5 所示。

图 5-1-4　输入标题

图 5-1-5　输入列标题

3. 输入学号、姓名

（1）选中 A3 单元格，输入学号"01912001"，按【Enter】键后会发现学号中的第一个数字"0"丢失了，说明在自动格式中默认的是常规数字，对于常规数字，前面添加几个 0 均不影响数值的大小，因此忽略。正确的输入方法是，首先输入英文单引号"'"，再输入"01912001"，如图 5-1-6 所示。

（2）使用自动填充功能快速输入其他学号。选中已输入编号的 A3 单元格，将鼠标指针指向单元格右下角的小黑方块，即填充柄，此时鼠标指针由空心的十字形变为黑十字形，如图 5-1-7 所示。向下拖动填充柄至 A25 单元格，拖动过程中填充柄的右下角出现填充的数据，直至目标单元格时释放鼠标左键，如图 5-1-8 所示。

图 5-1-6　输入学号

图 5-1-7　填充柄

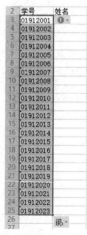

图 5-1-8　利用填充柄填充序列

（3）按照图 5-1-1 输入姓名。

4. 输入性别

因为男生比女生要多，所以先在 C3 单元格中输入"男"，然后将鼠标指针指向 C3 单元格右下角的填充柄，向下拖动填充柄，将 C3:C25 单元格区域中的内容全部填充为"男"，最后修改"性别"是"女"的记录。

选中第一个性别应为"女"的 C4 单元格，输入"女"字。之后将鼠标指针放在单元格的 4 个边框的任一个上，鼠标指针将变成带有 4 个方向箭的空心箭头" ⬚ "，如图 5-1-9 所示。同时按住【Ctrl】键，此时鼠标右上角带有十字号" ⬚ "。将鼠标指针分别拖动到 C5、C9、C10、C16、C19、C24、C25 单元格中，即可将 C4 单元格中的内容复制到对应单元格，如图 5-1-10 所示。

图 5-1-9　选择单元格　　　　　　　图 5-1-10　复制单元格的数据

5. 系别、专业、班级的输入

选中 D3 单元格，输入"信息工程系"，然后将鼠标指针指向 D3 单元格右下角的填充柄，向下拖动填充柄，将 D3:D25 单元格区域中的内容全部填充为"信息工程系"，同理，选中 E3 单元格，输入"电子商务"，然后将鼠标指针指向 E3 单元格右下角的填充柄，向下拖动填充柄，将 E3:E25 单元格区域中的内容全部填充为"电子商务"。

选中 F3 单元格，输入"2021 级电子商务班"，此时用上述填充柄的方式往下填充，会发现填充得出的数据将是序列型的"2021 级电子商务班""2022 级电子商务班""2023 级电子商务班"等，如图 5-1-11 所示，因此此时若要运用填充柄填充复制型数据，须按住【Ctrl】键。

图 5-1-11　输入系别、专业、班级

6. 民族、籍贯的输入

按图 5-1-12 所示，依次在 G3:G25，H3:H25 单元格区域中输入各学生的民族和籍贯。

	A	B	C	D	E	F	G	H	I
1	2021级电子商务班学生基本信息表								
2	学号	姓名	性别	系别	专业	班级	民族	籍贯	出生日期
3	01912001	黄小明	男	信息工程系	电子商务	2021级电子商务班	汉	广西博白	
4	01912002	张静兰	女	信息工程系	电子商务	2021级电子商务班	壮	广西河池	
5	01912003	兰玉	女	信息工程系	电子商务	2021级电子商务班	壮	广西河池	
6	01912004	高松	男	信息工程系	电子商务	2021级电子商务班	壮	广西河池	
7	01912005	赵宇	男	信息工程系	电子商务	2021级电子商务班	汉	广西桂平	
8	01912006	黄立清	男	信息工程系	电子商务	2021级电子商务班	侗	广西桂林	
9	01912007	王艳宁	女	信息工程系	电子商务	2021级电子商务班	汉	广西贵港	
10	01912008	梁美芬	女	信息工程系	电子商务	2021级电子商务班	瑶	广西桂林	
11	01912009	汪洋	男	信息工程系	电子商务	2021级电子商务班	汉	广西桂林	
12	01912010	贺广文	男	信息工程系	电子商务	2021级电子商务班	汉	广西玉林	
13	01912011	刘军	男	信息工程系	电子商务	2021级电子商务班	壮	广西扶绥	
14	01912012	黄文建	男	信息工程系	电子商务	2021级电子商务班	壮	广西来宾	
15	01912013	张家辉	男	信息工程系	电子商务	2021级电子商务班	壮	广西南宁	
16	01912014	唐旋	女	信息工程系	电子商务	2021级电子商务班	汉	广西玉林	
17	01912015	彭明	男	信息工程系	电子商务	2021级电子商务班	壮	广西百色	
18	01912016	杨江水	男	信息工程系	电子商务	2021级电子商务班	汉	广西钦州	
19	01912017	钱惠贤	女	信息工程系	电子商务	2021级电子商务班	汉	广西平南	
20	01912018	覃明杰	男	信息工程系	电子商务	2021级电子商务班	壮	广西横县	
21	01912019	李清	男	信息工程系	电子商务	2021级电子商务班	汉	广西玉林	
22	01912020	江文强	男	信息工程系	电子商务	2021级电子商务班	壮	广西南宁	
23	01912021	岑海威	男	信息工程系	电子商务	2021级电子商务班	壮	广西崇左	
24	01912022	贝凌	女	信息工程系	电子商务	2021级电子商务班	汉	广西昭平	
25	01912023	秦丽君	女	信息工程系	电子商务	2021级电子商务班	汉	广西桂林	
26									

图 5-1-12 输入民族、籍贯

7. 出生日期的输入及格式设置

按图 5-1-13 所示的日期，在 I3:I25 单元格区域中输入各学生的出生日期，输入格式可以采用国际惯例 1900-01-01 的格式。然后选中 I3:I25 单元格区域，在"开始"选项卡中单击"单元格格式"对话框启动器按钮，打开"单元格格式"对话框，在"数字"选项卡的"分类"列表框中选择"日期"选项，在"类型"列表框中选择"2001 年 3 月 7 日"选项，单击"确定"按钮，如图 5-1-14 和图 5-1-15 所示。

G	H	I
民族	籍贯	出生日期
汉	广西博白	2000-6-8
壮	广西河池	2001-1-27
壮	广西河池	2000-6-20
壮	广西河池	2001-12-1
汉	广西桂平	2001-1-4
侗	广西桂林	2001-4-24
汉	广西贵港	2001-2-9
瑶	广西桂林	2000-12-16
汉	广西桂林	2001-7-12
汉	广西玉林	1999-12-28
壮	广西扶绥	2000-12-30
壮	广西来宾	2000-10-8
壮	广西南宁	2001-12-28
汉	广西玉林	2001-9-17
壮	广西百色	2000-8-11
汉	广西钦州	2001-1-5
汉	广西平南	2000-9-30
壮	广西横县	2000-10-9
汉	广西玉林	2001-4-26
壮	广西南宁	2000-2-15
壮	广西崇左	2001-7-14
汉	广西昭平	1999-2-17
汉	广西桂林	1999-3-4

图 5-1-13 输入出生日期

图 5-1-14 更改日期格式

図 5-1-15　更改后显示的日期格式

操作三　设置工作表的格式

1. 设置标题

（1）设置标题的居中方式。

选中 A1 单元格，鼠标指针呈现空心的十字形，向右拖动鼠标指针，直至选中 I1 单元格，单击"开始"选项卡中的"合并居中"按钮，这时 A1:I1 单元格区域合并为一个单元格，文字内容显示在合并后的单元格的中间，如图 5-1-16 所示。

図 5-1-16　合并后的单元格

（2）设置标题的字体、字号。

选中 A1 单元格，单击"开始"选项卡中的"字体"下拉按钮，在弹出的下拉列表中选择"微软雅黑"选项，单击"字号"下拉按钮，在弹出的下拉列表中选择"18"选项，如图 5-1-17 所示。

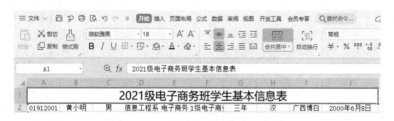

図 5-1-17　设置标题的字体、字号

（3）设置标题的行高。

选中 A1 单元格，移动鼠标指针到第 1 行与第 2 行的分隔线处，此时鼠标指针变为"↕"，向下拖动鼠标指针，鼠标指针所在位置出现一条水平虚线，并且出现一个显示行高的标签，当标签中显示"高度：33.00（1.16 厘米）"时，释放鼠标光标，完成行高的设置，如图 5-1-18 所示。

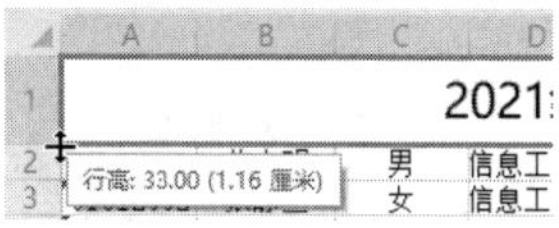

2. 设置表头行的底纹及表格底纹

（1）设置表头行的底纹。

选中 A2:I2 单元格区域，单击"开始"选项卡中的"单元格样式"

図 5-1-18　设置行高

按钮，在弹出的下拉列表中选择"主题单元格样式"中的"强调文字颜色 1"选项，如图 5-1-19 和图 5-1-20 所示。

图 5-1-19　"单元格样式"下拉列表　　　　图 5-1-20　表头行添加底纹的效果

（2）设置表格底纹。

选中 A3: I25 单元格区域，在"开始"选项卡中单击"单元格格式"对话框启动器按钮，打开"单元格格式"对话框，选择"图案"选项卡，单击"填充效果"按钮，弹出"填充效果"对话框，在"颜色 2(2)"下拉列表中选择"浅绿，着色 6，浅色 60%"选项，在"底纹样式"选项组中选中"垂直"单选按钮，在"变形"选项组中选择左上角的样式，单击"确定"按钮，如图 5-1-21～图 5-1-23 所示。

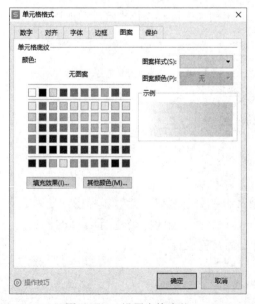

图 5-1-21　设置表格底纹　　　　　　　图 5-1-22　设置填充效果

学号	姓名	性别	系别	专业	班级	民族	籍贯	出生日期
				2021级电子商务班学生基本信息表				
01912001	黄小明	男	信息工程系	电子商务	2021级电子商务班	汉	广西博白	2000年6月8日
01912002	张静兰	女	信息工程系	电子商务	2021级电子商务班	壮	广西河池	2001年1月27日
01912003	兰玉	女	信息工程系	电子商务	2021级电子商务班	壮	广西河池	2000年6月20日
01912004	高松	男	信息工程系	电子商务	2021级电子商务班	壮	广西河池	2001年12月1日
01912005	赵宇	男	信息工程系	电子商务	2021级电子商务班	汉	广西桂平	2001年1月4日
01912006	黄立清	男	信息工程系	电子商务	2021级电子商务班	侗	广西桂林	2001年4月24日
01912007	王艳宁	女	信息工程系	电子商务	2021级电子商务班	汉	广西贵港	2001年2月9日
01912008	梁美芬	女	信息工程系	电子商务	2021级电子商务班	瑶	广西桂林	2000年12月16日
01912009	汪洋	男	信息工程系	电子商务	2021级电子商务班	汉	广西桂林	2001年7月12日
01912010	贺广文	男	信息工程系	电子商务	2021级电子商务班	汉	广西玉林	1999年12月28日
01912011	刘军	男	信息工程系	电子商务	2021级电子商务班	壮	广西扶绥	2000年12月30日
01912012	黄文建	男	信息工程系	电子商务	2021级电子商务班	壮	广西来宾	2000年10月8日
01912013	张家辉	男	信息工程系	电子商务	2021级电子商务班	壮	广西南宁	2001年12月28日
01912014	唐旋	女	信息工程系	电子商务	2021级电子商务班	汉	广西玉林	2001年9月17日
01912015	彭明	男	信息工程系	电子商务	2021级电子商务班	壮	广西百色	2000年8月11日
01912016	杨江水	男	信息工程系	电子商务	2021级电子商务班	汉	广西钦州	2001年1月5日
01912017	钱惠贤	女	信息工程系	电子商务	2021级电子商务班	汉	广西平南	2000年9月30日
01912018	覃明杰	男	信息工程系	电子商务	2021级电子商务班	壮	广西横县	2000年10月9日
01912019	李清	男	信息工程系	电子商务	2021级电子商务班	汉	广西玉林	2001年4月26日
01912020	江文强	男	信息工程系	电子商务	2021级电子商务班	汉	广西南宁	2000年2月15日
01912021	岑海威	男	信息工程系	电子商务	2021级电子商务班	壮	广西崇左	2001年7月14日
01912022	贝凌	女	信息工程系	电子商务	2021级电子商务班	汉	广西昭平	1999年2月17日
01912023	秦丽君	女	信息工程系	电子商务	2021级电子商务班	汉	广西桂林	1999年3月4日

图 5-1-23　表格添加底纹后的效果

3. 设置表格的边框线

给表格区域添加适合的边框线，选中 A3:I25 单元格区域，在"开始"选项卡中单击"单元格格式"对话框启动器按钮，打开"单元格格式"对话框，选择"边框"选项卡，在"样式"列表框中选择第二列最后一行的双框线样式，在"颜色"下拉列表中选择"钢蓝，着色 5，浅色 40%"选项，在"预置"选项组中选择"外边框"，此时给选择的单元格区域设置了蓝色双框线样式的外边框。在"样式"列表框中选择第一列最后一行的单框线样式，在"预置"选项处选择"内部"，此时给选择的单元格区域设置了蓝色单框线样式的内部边框，单击"确定"按钮，如图 5-1-24 和图 5-1-25 所示。

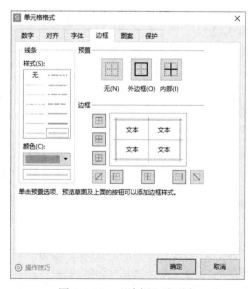

图 5-1-24　"边框"选项卡

学号	姓名	性别	系别	专业	班级	民族	籍贯	出生日期
				2021级电子商务班学生基本信息表				
01912001	黄小明	男	信息工程系	电子商务	2021级电子商务班	汉	广西博白	2000年6月8日
01912002	张静兰	女	信息工程系	电子商务	2021级电子商务班	壮	广西河池	2001年1月27日
01912003	兰玉	女	信息工程系	电子商务	2021级电子商务班	壮	广西河池	2000年6月20日
01912004	高松	男	信息工程系	电子商务	2021级电子商务班	汉	广西河池	2001年12月1日
01912005	赵宇	男	信息工程系	电子商务	2021级电子商务班	汉	广西桂平	2001年1月4日
01912006	黄立清	男	信息工程系	电子商务	2021级电子商务班	侗	广西桂林	2001年4月24日
01912007	王艳宁	女	信息工程系	电子商务	2021级电子商务班	汉	广西贵港	2001年2月9日
01912008	梁美芬	女	信息工程系	电子商务	2021级电子商务班	瑶	广西桂林	2000年12月16日
01912009	汪洋	男	信息工程系	电子商务	2021级电子商务班	汉	广西桂林	2001年7月12日
01912010	贺广文	男	信息工程系	电子商务	2021级电子商务班	汉	广西玉林	1999年12月28日
01912011	刘军	男	信息工程系	电子商务	2021级电子商务班	壮	广西扶绥	2000年12月30日
01912012	黄文建	男	信息工程系	电子商务	2021级电子商务班	壮	广西来宾	2000年10月8日
01912013	张家辉	男	信息工程系	电子商务	2021级电子商务班	壮	广西南宁	2001年12月28日
01912014	唐旋	女	信息工程系	电子商务	2021级电子商务班	汉	广西玉林	2001年9月17日
01912015	彭明	女	信息工程系	电子商务	2021级电子商务班	壮	广西百色	2000年8月11日
01912016	杨江水	男	信息工程系	电子商务	2021级电子商务班	汉	广西钦州	2001年1月5日
01912017	钱惠贤	女	信息工程系	电子商务	2021级电子商务班	汉	广西平南	2000年9月30日
01912018	覃明杰	男	信息工程系	电子商务	2021级电子商务班	壮	广西横县	2000年10月9日
01912019	李清	女	信息工程系	电子商务	2021级电子商务班	汉	广西玉林	2001年4月26日
01912020	江文强	男	信息工程系	电子商务	2021级电子商务班	壮	广西南宁	2000年2月15日
01912021	岑海威	男	信息工程系	电子商务	2021级电子商务班	壮	广西崇左	2001年7月14日
01912022	贝凌	女	信息工程系	电子商务	2021级电子商务班	汉	广西昭平	1999年2月17日
01912023	秦丽君	女	信息工程系	电子商务	2021级电子商务班	汉	广西桂林	1999年3月4日

图 5-1-25 表格添加边框线后的效果

4．设置表格的行高和列宽

（1）设置表格的行高。

将鼠标指针放置在行号"2"上，拖动鼠标指针至行号"25"上，松开鼠标左键，此时将2～25行选中，单击"开始"选项卡中的"行和列"按钮，在弹出的下拉列表中选择"行高"选项，弹出"行高"对话框，输入行高值"20"，此时所选中的行高均被设置为统一的值，如图 5-1-26 和图 5-1-27 所示。

图 5-1-26 "行高"菜单   图 5-1-27 输入行高值

（2）设置表格的列宽。

将鼠标指针放置在列号"A"上，向下拖动鼠标指针至列号"I"上，松开鼠标左键，此时将A～I列选中，单击"开始"选项卡中的"行和列"按钮，在弹出的下拉列表中选择"最合适的列宽"选项，此时选中列将自动调整为适合的列宽，如图 5-1-28 和图 5-1-29 所示。

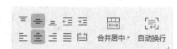

图 5-1-28　"自动调整列宽"选项　　　　图 5-1-29　调整列宽后的效果

5. 为表格的所有数据区域单元格设置水平居中和垂直居中

选中 A2:I25 单元格区域，单击"开始"选项卡"对齐方式"选项组中的"垂直居中"按钮和"水平居中"按钮，如图 5-1-30 所示。或者在"开始"选项卡中单击"单元格格式"对话框启动器按钮，打开"单元格格式"对话框，选择"对齐"选项卡，在"水平对齐"下拉列表中选择"居中"选项，在"垂直对齐"下拉列表中选择"居中"选项，如图 5-1-31 所示。

图 5-1-30　快捷设置水平居中和
垂直居中的方式

6. 插入一个新行

在标题行下方插入一个新行，并设置行高为"15"。

选中第 2 行的行号，在第 2 行的行号处右击，在弹出的快捷菜单中选择"插入"命令，如图 5-1-32 所示，即中插入一个新行。选择新插入的行，单击"开始"选项卡中的"行和列"按钮，在弹出的下拉列表中选择"行高"选项，弹出"行高"对话框，输入行高值"10"。常用的插入行的方法还有：单击"开始"选项卡，在"行和列"选项组中选择"插入单元格"，在弹出的菜单中选择"插入行"，如图 5-1-33 所示。

图 5-1-31　"对齐"选项卡　　　　　图 5-1-32　右键快捷菜单

7. 插入一个新列

在"民族"列前插入一个新列，列标题为"学制"。

选中"民族"列的列标，在列标处右击，在弹出的快捷菜单中选择"插入"命令，如图 5-1-34 所示，即可插入一个新列。常用的插入列的方法还有：单击"开始"选项卡，在"行和列"选项组中选择"插入单元格"，在弹出的菜单中选择"插入列"，如图 5-1-35 所示。

图 5-1-33 选择"插入行"选项

图 5-1-34 右键快捷菜单 2

8. 学制的输入及格式刷的使用

在 G3 单元格中输入"学制"，在 G4 单元格中输入"三年"，然后将鼠标指针指向 G4 单元格右下角的填充柄，向下拖动填充柄，将 G3:G26 单元格区域的内容全部填充为"三年"，如图 5-1-36 所示。

图 5-1-35 选择"插入列"选项

图 5-1-36 输入学制

此时我们发现"学制"列的边框格式因为填充柄复制填充的关系出现了和整张表格不统一的地方，需要使用格式刷工具进行修改。选中 H5 单元格，单击"开始"选项卡"剪贴板"选项组中的"格式刷"按钮，在 G5 单元格中按住鼠标左键拖动至 G25 单元格，此时可以将 H5 单元格的格式复制到 G5:G25 单元格区域中。再选择 H26 单元格，再次使用格式刷，将 H26 单元格的格式复制到 G26 单元格中。

然后调整"学制"列的列宽。选中 G 列，单击"开始"选项卡中的"行和列"按钮，在弹出的下拉列表中选择"最合适的列宽"选项，此时选中列将自动调整为适合的列宽，如图 5-1-37 所示。

图 5-1-37 运用格式刷后的效果

操作四　编辑工作表

1. 工作表的重命名

在 WPS 表格工作簿中，工作表的名称最好能反映工作表的内容，这就需要给工作表重新命名。在这里，将"Sheet1"工作表命名为"学生信息表"，具体操作步骤如下。

（1）在 WPS 表格窗口下面的工作表标签中，选中要重命名的工作表标签。

（2）右击，在弹出的快捷菜单中选择"重命名"命令，也可以双击工作表标签，如图 5-1-38 所示。

（3）输入"学生信息表"，按【Enter】键确认，就完成了重命名工作表，如图 5-1-39 所示。

图 5-1-38　右键快捷菜单

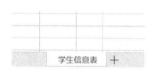

图 5-1-39　重命名的工作表

2. 插入新的工作表

还可以根据实际需要增加工作表。例如，在"2021 级电子商务班学生信息表"工作簿中只有"学生信息表"1 个工作表，现要在"学生信息表"的工作表前插入新的工作表，具体操作步骤如下。

在"学生信息表"标签上右击，在弹出的快捷菜单中选择"插入工作表"命令，弹出"插入"对话框，选择"当前工作表之前"选项，单击"确定"按钮，如图 5-1-40 所示。

插入工作表的常用方法还有：选择"学生信息表"工作表，单击"开始"选项卡"单元格"选项组按钮，在弹出的下拉列表中选择"插入工作表"选项，如图 5-1-41 所示；或者单击工作窗口下方的"插入工作表"按钮＋。

3. 删除工作表

在"2021 级电子商务班学生信息表"工作簿中，只有一个工作表内有内容，其余工作表是空的，可以将其删除以减少存储的空间。

单击需要删除的工作表的标签"Sheet2"，在工作表标签上右击，在弹出的快捷菜单中选择"删除工作表"命令，如图 5-1-42 所示。

图 5-1-40 "插入工作表"对话框　　图 5-1-41 "插入工作表"选项　　图 5-1-42 右键快捷菜单

操作五　设置页面

在打印工作表之前要进行页面设置。单击"页面布局"选项卡"页面设置"选项组中的对话框启动器按钮，弹出"页面设置"对话框，在该对话框中可以对页面、页边距、页眉/页脚和工作表进行设置。

1. 设置"页面"选项卡

选择"学生信息表"工作表，单击"页面布局"选项卡"页面设置"选项组中的对话框启动器按钮，弹出"页面设置"对话框，选择"页面"选项卡，在"纸张大小"下拉列表中选择"A4"选项，在"方向"选项组中选中"横向"单选按钮，如图 5-1-43 所示。

2. 设置"页边距"选项卡

在"页面设置"对话框中选择"页边距"选项卡，上、下为 1.8 厘米，左、右边距均为 2 厘米，选中"水平"复选框，表示工作表在打印纸上始终是水平居中对齐的，如图 5-1-44 所示。

图 5-1-43 "页面"选项卡

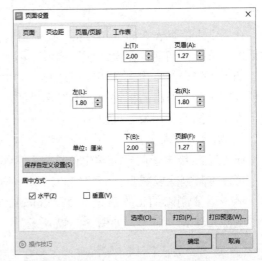

图 5-1-44 "页边距"选项卡

3. 设置"页眉/页脚"选项卡

在"页面设置"对话框中选择"页眉/页脚"选项卡，单击"自定义页眉"按钮，弹出"页眉"对话框，在"中"文本框中输入页眉文字"东方学院"，如图 5-1-45 所示，并将其选中，单击"字体"按钮（Ａ），弹出"字体"对话框，设置字体为"黑体"，大小为"16"，如图 5-1-46 所示，单击"确定"按钮退出"字体"对话框，再单击"确定"按钮退出"页眉"对话框，此时自定义的页眉将会出现在"页眉"下拉列表中，如图 5-1-47 所示。

图 5-1-45　输入页眉文字

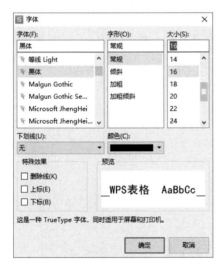

图 5-1-46　设置页眉字体格式

图 5-1-47　页眉设置效果

在"页脚"下拉列表中选择内置的页脚样式"第 1 页，共 ? 页"，设置的结果会在预览中显示，单击"确定"按钮退出"页眉/页脚"的设置，如图 5-1-48 所示。

4. 设置"工作表"选项卡

进行完以上 3 个步骤之后，在工作表中会出现一些虚线，这表示打印每一页包括的内容。当工作表的内容超过一页时，为了能够在每页都打印出顶端标题行，需要进行如下操作：打开"页面设置"对话框，选择"工作表"选项卡，顶端标题行为"$1:$3"，如图 5-1-49 所示，单击"确定"按钮。

图 5-1-48　页眉/页脚的设置

图 5-1-49　顶端标题行打印设置

操作六　预览与打印

1. 预览

在打印前，一般都会进行预览，因为打印预览下看到的内容不仅和打印到纸张上的结果完全相同，而且可以在预览状态下直接修改页面设置，这样就可以防止由于没有设置好报表的外观使打印的报表不合要求而造成浪费。具体操作步骤如下。

单击"文件"选项卡，选择"打印"，在打开的菜单中单击"打印预览"，即可在预览区域查看预览效果，如图 5-1-50 所示。预览效果与打印后的真实效果完全相同，还可以通过预览区域上方相应的按钮对工作表进行缩放等操作。

2. 打印

单击"文件"选项卡中的"打印"按钮，进行打印机、打印范围及打印份数的设定，如图 5-1-51所示。设置完成后，单击"打印"按钮进行打印。

图 5-1-50　预览效果

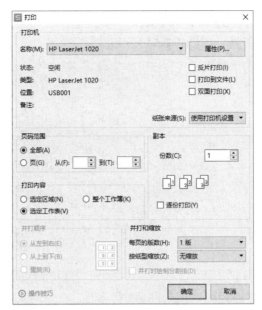

图 5-1-51　打印设置

相关知识

1. 认识工作簿、工作表、单元格

新建的 WPS 表格称为工作簿，是以"工作簿 1""工作簿 2"等名称临时命名的，其文件的扩展名为".xlsx"。一个新建的工作簿"Book1"中可包含多个工作表，但默认新建时只显示"Sheet1"工作表，可根据实际需求进行插入或删除。

工作表是由行和列组成的二维表。工作表的行、列交叉的位置称为单元格，是组成工作表的最小单位。每个单元格由唯一的地址来标志，地址由列号和行号构成，先列后行。例如，B5 表示第 B 列第 5 行的单元格。

2. 常用类型数据的输入

（1）为单元格设置"货币"格式。

在数据处理过程中，单元格的数据要以"货币"的格式显示，处理的方法是：选中未输入或已输入数据的单元格，单击"开始"选项卡"数字"选项组中的对话框启动器按钮，弹出"单元格格式"对话框，在"数字"选项卡的"分类"列表框中选择"货币"选项，在"货币符号（国家/地区）"下拉列表中选择货币的符号，并设置小数位数，单击"确定"按钮完成设置，如图 5-1-52 所示。

（2）为单元格设置"时间"格式。

在数据处理过程中，单元格的数据要以"时间"的格式显示，处理的方法是：选中未输入数据的单元格，单击"开始"选项卡"数字"选项组中的对话框启动器按钮，弹出"单元格格式"对话框，在"数字"选项卡的"分类"列表框中选择"时间"选项，在"类型"列表框中选择输出时间的格式，单击"确定"按钮完成设置，如图 5-1-53 所示。

若要输入当前的日期，可按【Ctrl+;】快捷键。

（3）为单元格设置"百分比"格式。

在数据处理过程中，单元格的数据要以"百分比"的格式显示，处理的方法是：选中未输入或已输入数据的单元格，单击"开始"选项卡"数字"选项组中的对话框启动器按钮，弹出"单元格格式"对话框，在"数字"选项卡的"分类"列表框中选择"百分比"选项，并设置小数位数，单击"确定"按钮完成设置，如图 5-1-54 所示。

图 5-1-52　设置"货币"格式

图 5-1-53　设置"时间"格式

图 5-1-54　设置"百分比"格式

也可以利用"数字"选项组中的"%"按钮设置"百分比"格式，小数位数的设置也可利用"数字"选项组中的"增加小数位数""减少小数位数"按钮来设置，如图 5-1-55 所示。

图 5-1-55　"数字"选项组

（4）为单元格设置"分数"格式。

在数据处理过程中，单元格的数据要以"分数"的格式显示，处理的方法是：选中未输入数据的单元格，单击"开始"选项卡"数字"选项组中的对话框启动器按钮，弹出"单元格格式"对话框，在"数字"选项卡的"分类"列表框中选择"分数"选项，在"类型"列表框中选择分数的类型，单击"确定"按钮完成设置，如图 5-1-56 所示。

图 5-1-56　设置"分数"格式

3. 单元格中出现多个"#"号

如果单元格中出现多个"#"号，这表示该单元格的列宽不够，调整列宽之后就可以显示单元格中的全部内容。

4. WPS 表格的窗口

WPS 表格的窗口如图 5-1-57 所示。

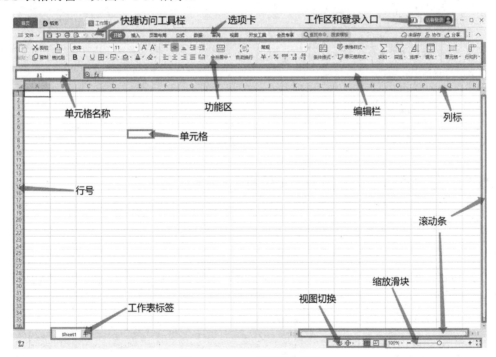

图 5-1-57　WPS 表格的窗口

任务二　制作考试成绩表

本任务以制作考试成绩表为例（如图 5-2-1），介绍公式和函数、条件格式等功能的基本用法。通过本任务，读者可以学会如下操作。

- 应用公式和函数。
- 应用条件格式。
- 应用冻结窗格和拆分窗格。
- 插入图表。

2021级电子商务班学生期考成绩表

学号	姓名	系列	班级	大学英语	计算机应用基础	思想政治	体育	电子商务概论	总分	平均分	排名	备注
02105011001	黄小明	信息工程系	2021电子商务	88	80	91	88	84	431	86.2	3	合格
02105011002	张静兰	信息工程系	2021电子商务	85	78	61	84	84	392	78.4	18	合格
02105011003	兰玉	信息工程系	2021电子商务	88	90	86	82	83	429	85.8	4	合格
02105011004	高松	信息工程系	2021电子商务	89	88	77	84	84	422	84.4	6	合格
02105011005	赵宇	信息工程系	2021电子商务	43	23	69	74	82	291	58.2	22	不合格
02105011006	黄立清	信息工程系	2021电子商务	88	80	77	77	78	400	80	15	合格
02105011007	王艳宁	信息工程系	2021电子商务	87	86	85	90	90	438	87.6	2	合格
02105011008	梁美芬	信息工程系	2021电子商务	87	91	81	80	81	420	84	7	合格
02105011009	汪洋	信息工程系	2021电子商务	86	78	66	87	77	394	78.8	17	合格
02105011010	贺广文	信息工程系	2021电子商务	84	79	75	80	87	405	81	11	合格
02105011011	刘军	信息工程系	2021电子商务	88	90	65	84	84	411	82.2	9	合格
02105011012	黄文建	信息工程系	2021电子商务	81	88	71	81	82	403	80.6	13	合格
02105011013	张家辉	信息工程系	2021电子商务	96	79	71	76	81	403	80.6	13	合格
02105011014	唐旋	信息工程系	2021电子商务	85	93	89	90	87	444	88.8	1	合格
02105011015	彭明	信息工程系	2021电子商务	53	62	57	57	52	281	56.2	23	不合格
02105011016	杨江水	信息工程系	2021电子商务	87	78	73	83	86	407	81.4	10	合格
02105011017	钱惠贤	信息工程系	2021电子商务	89	75	85	80	86	415	83	8	合格
02105011018	覃明杰	信息工程系	2021电子商务	84	71	85	78	82	400	80	15	合格
02105011019	李清	信息工程系	2021电子商务	80	81	90	87	87	425	85	5	合格
02105011020	江文强	信息工程系	2021电子商务	79	65	75	81	85	385	77	20	合格
02105011021	岑海威	信息工程系	2021电子商务	96	71	80	75	82	404	80.8	12	合格
02105011022	贝凌	信息工程系	2021电子商务	91	60	70	71	73	365	73	21	合格
02105011023	秦丽君	信息工程系	2021电子商务	81	79	73	84	72	389	77.8	19	合格
各科目最高分				96	93	91	90	90				
各科目最低分				43	23	57	57	52				

图 5-2-1　考试成绩表

操作一　为"成绩表"工作表添加信息

操作要求：在 D 盘的"WPS 表格"文件夹中打开素材文件"期考成绩表.xlsx"文档，按样文进行设置。

操作步骤如下。

在"期考成绩表"工作表中添加"各科目最高分""各科目最低分""总分""平均分""排名""备注"等信息。

1. 添加"各科目最高分""各科目最低分"文字内容

选中 A27 单元格，输入文字"各科目最高分数"。按【Enter】键或选中 A28 单元格，输入"各科目最低分数"，如图 5-2-2 所示。

2. 合并单元格

再次选中 A27 单元格，此时鼠标指针变成空心的十字形，拖动鼠标指针到 D27 单元格，单击"开始"选项卡"对齐方式"选项组中的"合并后居中"按钮，将 A27:D27 单元格区域合并为一个大的单元格。同理，可对"各科目最低分"的 A28:D28 单元格区域进行合并，如图 5-2-3 所示。

26	02105011023	秦丽君	信息工程系
27	各科目最高分		
28	各科目最低分		

图 5-2-2　输入文字内容

26	02105011023	秦丽君	信息工程系	2021电子商务
27		各科目最高分		
28		各科目最低分		

图 5-2-3　合并单元格

3．添加"总分""平均分""排名""备注"文字内容

分别选中 J3、K3、L3、M3 单元格，输入"总分""平均分""排名""备注"，如图 5-2-4 所示。

J	K	L	M
总分	平均分	排名	备注

图 5-2-4　补充输入列标题文字

操作二　应用公式和函数

1．计算最高分

（1）选中 E27 单元格。

（2）单击"开始"选项卡中的"求和"下拉按钮，在弹出的下拉列表中选择"最大值"选项，如图 5-2-5 所示。

（3）在单元格中会出现公式"=MAX（E4:E26）"，同时 E4:E26 单元格区域会被虚线框包围，该函数的含义为计算出 E4:E26 单元格区域中的最大值，如图 5-2-6 所示。

图 5-2-5　"最大值"选项

图 5-2-6　最大值的计算公式

（4）确认数据区域无误后，单击编辑栏左边的"输入"按钮，此时在 E27 单元格中显示"大学英语"科目的最高分的分值，在编辑栏中仍显示计算公式"=MAX（E4:E27）"。

（5）公式的复制：将鼠标指针放置在 E27 单元格的填充柄上，此时鼠标指针变成实心的十字形，拖动鼠标指针到 I27 单元格，松开鼠标左键，可以看到其他课程的最高分均已计算出来，如图 5-2-7 所示。

图 5-2-7　利用填充柄复制公式

任意选中其他科目最高分的单元格，如 G27，会在编辑栏中看到公式"=MAX（G4:G26）"，这说明利用填充柄填充到其他单元格的是公式。像这种仅仅由列标和行号构成的引用就是相对引用，如 E27 单元格公式中的 E4:E26，而且单元格地址的引用会根据公式所在单元格位置的变化而改变，如 G27 单元格公式的地址已变为 G4:G26。

2．计算最低分

（1）选中 E28 单元格。

（2）单击"开始"选项卡中的"求和"下拉按钮，在弹出的下拉列表中选择"最小值"选项，如图 5-2-8 所示。

（3）此时在单元格中会出现公式"=MIN（E4:E27）"，同时 E4:E27 单元格区域会被虚线框包

围，此时发现数据区域应该是 E4:E26，则需要重新选择数据区域。选中 E4 单元格，此时鼠标指针变成空心的十字形，拖动鼠标指针至 E26 单元格，此时函数的含义为计算出 E4:E26 单元格区域中的最小值，如图 5-2-9 所示。

图 5-2-8　"最小值"选项

（4）确认数据区域无误后，单击编辑栏左边的"输入"按钮，此时在 E28 单元格中显示"大学英语"科目的最低分的分值，在编辑栏中显示计算公式"=MIN(E4:E26)"。

（5）公式的复制：将鼠标指针放置在 E28 单元格的填充柄上，此时鼠标指针变成实心的十字形，拖动鼠标指针到 I28 单元格，松开鼠标左键，可以看到其他课程的最低分均已计算出来，如图 5-2-10 所示。

× ✓ fx	=MIN(E4:E26)

图 5-2-9　最小值的计算公式

各科目最高分	96	93	91	90	90
各科目最低分	43	23	57	57	52

图 5-2-10　利用填充柄复制公式

3. 计算总分

（1）利用公式计算总分。

选中 J4 单元格，输入"="号，单击 E4 单元格，该单元格周围出现闪烁的虚线框，表示此时引用该单元格的数据，接着输入"+"，再单击 F4 单元格，输入"+"，再单击 G4 单元格，输入"+"，最后单击 I4 单元格，此时在编辑栏中出现公式"=E4+F4+G4+H4+I4"，如图 5-2-11 所示。表示黄小明同学的总分等于他的 5 门科目的成绩相加，此方法称为单元格的引用，最后按【Enter】键确认。再选中 E4 单元格，并利用填充柄将该公式复制到 J5:J26 单元格区域中，如图 5-2-12 所示。

姓名	系别	班级	大学英语	计算机应用基础	思想政治	体育	电子商务概论	总分	平均分
黄小明	信息工程系	2021电子商务	88	80	91	88	84	=E4+F4+G4+H4+I4	

图 5-2-11　输入"总分"公式

除此以外，也可以使用以下（2）、（3）的方法来计算总分，操作步骤如下。

（2）选中 J4 单元格，单击"开始"选项卡"编辑"选项组中的"自动求和"下拉按钮，在弹出的下拉列表中选择"求和"选项，如图 5-2-13 所示，此时在单元格中会出现公式"=SUM（E4:I4）"，同时 E4:I4 单元格区域会被虚线框包围，此时得到函数所求的总和值，运用填充柄将函数填充至 J5:J26 单元格区域。

总分
431
392
429
422
291
400
438
420
394
405
411
403
403
444
281
407
415
400
425
335
404
365
389

图 5-2-12　利用填充柄复制公式

（3）利用函数计算总分。

选中 J4 单元格，单击编辑栏中的"插入函数"按钮，弹出"插入函数"对话框，在"或选择类别"下拉列表中选择"数学与三角函数"选项，然后在"选择函数"列表框中输入英文函数的第一个字母"S"，则鼠标指针就会跳转至以"S"开头的所有函数，这样就可以快捷地找到"SUM"函数（求和函数），如图 5-2-14 所示。单击"确定"按钮，弹出"函数参数"对话框，将指针放在"Number1"栏中，选中 E4 单元格，此时鼠标指针呈空心的十字形，拖动鼠标指针至 I4 单元格，被选中的单元格区域会被抖动的虚线框包围，单击"确定"按钮，完成求和，如图 5-2-15 所示。再选中 J4 单元格，并利用填充柄将该公式复制到 J5:J26 单元格区域中。

图 5-2-13　使用自动求和工具计算总分　　　　图 5-2-14　"插入函数"对话框

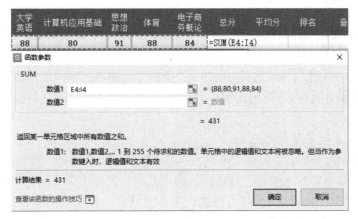

图 5-2-15　选择求和参数的单元格区域

4. 计算平均分

（1）利用公式计算平均分。

选中 K4 单元格，输入"=（"，单击 E4 单元格，该单元格周围出现闪烁的虚线框，表示此时引用该单元格的数据，接着输入"+"，再单击 F4 单元格，输入"+"，依次单击 G4、A4 单元格，分别输入"+"最后单击 I4 单元格，输入"）/5"，则在 K4 单元格中出现公式"=（E4+F4+G4+H4+

I4）/5"，如图 5-2-16 所示。表示黄小明同学的总分等于他的 5 门科目的成绩相加之后再除以 5，此方法称为单元格地址的引用，最后按【Enter】键确认。

大学英语	计算机应用基础	思想政治	体育	电子商务概论	总分	平均分	排名	备注
88	80	91	88	84	431	=(E4+F4+G4+H4+I4)/5		

图 5-2-16　利用公式计算平均分

选中 K4 单元格，并利用填充柄将该公式复制到 K5:K26 单元格区域中。

除此以外，也可以使用以下（2）的方法来计算平均分，操作步骤如下。

（2）利用自动求和工具计算平均分。

选中 K4 单元格，此时鼠标指针变成空心的十字形，单击"开始"选项卡中的"求和"下拉按钮，在弹出的下拉列表中选择"平均值"选项，如图 5-2-17 所示。在 K4 单元格中出现公式时，选中 E4 单元格，鼠标指针变成空心的十字形，拖动鼠标指针至 I4 单元格，如图 5-2-18 所示。按【Enter】键确认，再用鼠标选择 K4 单元格，并用填充柄将该公式复制到 K5:K26 单元格区域中，如图 5-2-19 所示。

图 5-2-17　"平均值"选项　　　　图 5-2-18　参数设置

5. 计算排名

计算各位同学的成绩在班级的排名情况，可以利用 RANK 函数来实现。该函数的功能是：返回某数字在一列数字中相对于其他数值的大小排位。函数的格式是：RANK（数值，引用，[排位方式]），其中"数值"为需要找到排位的数字，"引用"为数字列表数组或数字列表的引用，[排位方式]为一数字，指明排位的方式，一般省略。

图 5-2-19　利用填充柄复制公式

（1）首先计算第 1 位同学的名次。

① 选中 L4 单元格，单击"开始"选项卡中的"求和"下拉按钮，在弹出的下拉列表中选择"其他函数"选项，弹出"插入函数"对话框，在"或选择类别"下拉列表中选择"全部"选项，在"选择函数"列表框中选择"RANK"函数，单击"确定"按钮，如图 5-2-20 所示。

② 弹出"函数参数"对话框，在第一个参数"数值"处，用鼠标选中该同学的总分单元格 J4。

③ 在第二个参数"引用"处，用鼠标选中 J4:J26 单元格区域，如图 5-2-21 所示。

④ 单击"确定"按钮，此时编辑栏中的函数为"=RANK（J4:J4:J26）"。表明 J4 单元格中的数值在 J4:J26 单元格区域中的所有数值中排名为第 3。

（2）计算其他各位同学的排名，可以将公式进行复制。

① 选中 L4 单元格。

② 将鼠标指针放置在 L4 单元格右下角的填充柄上，当鼠标指针变成实心的十字形时，拖动鼠标指针至 L26 单元格，松开鼠标左键，此时可以看到 J4:J26 单元格区域都显示出了名次。

③ 经检查发现，分数不一样，但名次有相同的现象，这表明复制公式得到的结果并不正确。

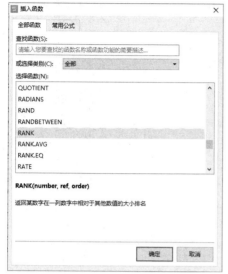

图 5-2-20　"插入函数"对话框　　　　图 5-2-21　RANK 函数的参数选择

经检查发现，从 L5 单元格开始，公式中的单元格区域地址均有变化，如 L5 单元格中的公式显示为"=RANK（J5,J5:J27）"，L6 单元格中的公式显示为"=RANK（J6,J6:J28）"，而 L5 单元格中正确的公式应为"=RANK（J5,J4:J26）"，L6 单元格中正确的公式应为"=RANK（J6,J4:J26）"，也就是说单元格区域的地址对于每个同学来说都应该是一样的。

由于是从 L4 单元格复制公式到 L5 单元格，复制前后单元格的列号没有改变，还是 L 列，所以复制后公式中的列号也没有变化，都是 J 列。但行号由 4 变到了 5，也就是说行号增加了 1，此时原来公式中所有相对地址中的行号也要增加 1，行号 4 变成了 5，26 变成了 27。如果想要单元格区域保持不变，就要引用绝对地址。

绝对地址的引用是使复制后公式的引用单元格的地址保持不变。绝对引用的方法是在单元格的行号和列标前加上"$"符号，如$E$4。

④ 解决的方法。

选中 L4 单元格，将光标定位在编辑栏中的公式"=RANK（J4,J4:J26）"中的单元格区域地址 J4:J26 中的 J4 前面，然后按【F4】键，此时可以看到原来的相对地址 J4 会变成绝对地址$J$4。

利用同样的方法使相对地址 J26 变成绝对地址$J$26，此时 L4 单元格的公式为"=RANK（J4,$J$4:$J$26）"，如图 5-2-22 所示。

⑤ 利用填充柄复制该公式到 L5:L26 单元格区域，即可以得到每一位同学的排名情况，如图 5-2-23 所示。

6. 计算备注

备注的填写标准为：平均分大于等于 60 分显示"合格"，小于 60 分显示"不合格"。可以利用 IF 函数来实现。该函数的功能是：判断一个条件是否满足，如果满足返回一个值，如果不满足则返回另一个值。函数的格式是：IF（测试条件，真值，假值）。其中"测试条件"表示逻辑判断表达式，"真值"表示当表达式为真时返回的值，"假值"表示不满足表达式时返回的值。

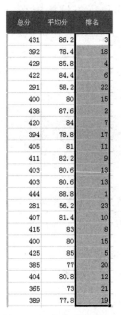

总分	平均分	排名
431	86.2	3
392	78.4	18
429	85.8	4
422	84.4	6
291	58.2	22
400	80	15
438	87.6	2
420	84	7
394	78.8	17
405	81	11
411	82.2	9
403	80.6	13
403	80.6	13
444	88.8	1
281	56.2	23
407	81.4	10
415	83	8
400	80	15
425	85	5
385	77	20
404	80.8	12
365	73	21
389	77.8	19

× ✓ *fx* =RANK(J4,$J$4:$J$26)

C | RANK（数值，引用，[排位方式]）

图 5-2-22 绝对地址   图 5-2-23 利用填充柄复制公式

（1）计算第 1 位同学的备注内容。

① 选中 M4 单元格。

② 单击"开始"选项卡中的"求和"下拉按钮，在弹出的下拉列表中选择"其他函数"选项，弹出"插入函数"对话框，在"或选择类别"下拉列表中选择"逻辑"选项，在"选择函数"列表框中选择"IF"函数，如图 5-2-24 所示。

③ 单击"确定"按钮，弹出"函数参数"对话框，在第一个参数"测试条件"处，用鼠标选中该同学的平均分单元格 K4，接着输入"＞=60"。

④ 在第二个参数"真值"处输入""合格""。

⑤ 在第三个参数"假值"处输入""不合格""，如图 5-2-25 所示。

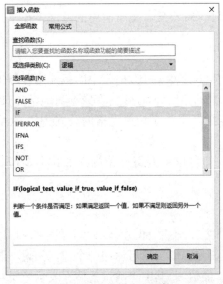

图 5-2-24 插入 IF 函数

图 5-2-25 IF 函数的参数设置

⑥ 单击"确定"按钮，此时 K4 单元格显示"合格"，编辑栏中显示的函数为"=IF（K4>=60，"合格"，"不合格"）"，如图 5-2-26 所示。

图 5-2-26　IF 函数计算结果

此时公式的含义为：判断 K4 单元格中的数据是否满足大于等于 60 分这个条件，如果该条件满足，就显示"真值"处输入的文字"合格"；如果 K4 单元格的数据不满足大于等于 60 分这个条件，就显示"假值"处输入的文字"不合格"。

（2）计算其他同学的备注内容。

① 选中 M4 单元格。

② 将鼠标指针放置在 M4 单元格右下角的填充柄上，当鼠标指针变成实心的十字形时，拖动鼠标指针至 M26 单元格，松开鼠标左键，如图 5-2-27 所示。

2021级电子商务班学生期考成绩表												
学号	姓名	系别	班级	大学英语	计算机应用基础	思想政治	体育	电子商务概论	总分	平均分	排名	备注
02105011001	黄小明	信息工程系	2021电子商务	88	80	91	88	84	431	86.2	3	合格
02105011002	张静兰	信息工程系	2021电子商务	85	78	61	84	84	392	78.4	18	合格
02105011003	兰玉	信息工程系	2021电子商务	88	90	86	82	83	429	85.8	4	合格
02105011004	高松	信息工程系	2021电子商务	89	88	77	84	84	422	84.4	6	合格
02105011005	赵宇	信息工程系	2021电子商务	43	23	69	74	82	291	58.2	22	不合格
02105011006	黄立清	信息工程系	2021电子商务	88	80	77	77	78	400	80	15	合格
02105011007	王艳宁	信息工程系	2021电子商务	87	86	85	90	90	438	87.6	2	合格
02105011008	梁美芬	信息工程系	2021电子商务	87	91	81	80	81	420	84	7	合格
02105011009	汪洋	信息工程系	2021电子商务	86	78	66	87	77	394	78.8	17	合格
02105011010	贺广文	信息工程系	2021电子商务	84	79	75	80	87	405	81	11	合格
02105011011	刘军	信息工程系	2021电子商务	88	90	65	84	84	411	82.2	9	合格
02105011012	黄文建	信息工程系	2021电子商务	81	88	71	81	82	403	80.6	13	合格
02105011013	张家辉	信息工程系	2021电子商务	96	79	71	76	81	403	80.6	13	合格
02105011014	唐旋	信息工程系	2021电子商务	85	93	89	90	87	444	88.8	1	合格
02105011015	彭明	信息工程系	2021电子商务	53	62	57	57	52	281	56.2	23	不合格
02105011016	杨江水	信息工程系	2021电子商务	87	78	73	83	86	407	81.4	10	合格
02105011017	钱惠贤	信息工程系	2021电子商务	89	75	85	80	86	415	83	8	合格
02105011018	萱明杰	信息工程系	2021电子商务	84	71	85	78	82	400	80	15	合格
02105011019	李清	信息工程系	2021电子商务	80	81	90	87	87	425	85	5	合格
02105011020	江文强	信息工程系	2021电子商务	79	65	75	81	82	385	77	20	合格
02105011021	岑海威	信息工程系	2021电子商务	96	71	80	75	82	404	80.8	12	合格
02105011022	贝凌	信息工程系	2021电子商务	91	60	70	71	73	365	73	21	合格
02105011023	秦丽君	信息工程系	2021电子商务	81	79	73	84	72	389	77.8	19	合格
		各科目最高分		96		93	91	90	90			
		各科目最低分		43		23	57	57	52			

图 5-2-27　利用填充柄复制公式

③ 至此，已完成了其他同学的备注内容计算。

7. 美化新添加的列

（1）利用格式刷将新添加列的格式设置为统一。

选中已有框线底纹的任一单元格，如 I5 单元格，单击"开始"选项卡"剪贴板"选项组中的"格式刷"按钮，然后选中 J4:M26 单元格，此时可以将 I5 单元格的格式复制到 J4:M26 单元格区域中，如图 5-2-28 所示。

（2）设置标题合并居中。

选中 A1:M1 单元格区域，单击两次"开始"选项卡"对齐方式"选项组中的"合并后居中"按钮，字体设置为"微软雅黑"，如图 5-2-29 所示。

2021级电子商务班学生期考成绩表

学号	姓名	系别	班级	大学英语	计算机应用基础	思想政治	体育	电子商务概论	总分	平均分	排名	备注
02105011001	黄小明	信息工程系	2021电子商务	88	80	91	88	84	431	86.2	3	合格
02105011002	张静兰	信息工程系	2021电子商务	85	78	61	84	84	392	78.4	18	合格
02105011003	兰玉	信息工程系	2021电子商务	88	90	86	82	83	429	85.8	4	合格
02105011004	高松	信息工程系	2021电子商务	89	88	77	84	84	422	84.4	6	合格
02105011005	赵宇	信息工程系	2021电子商务	43	23	69	74	82	291	58.2	22	不合格
02105011006	黄立清	信息工程系	2021电子商务	88	80	77	77	78	400	80	15	合格
02105011007	王艳宁	信息工程系	2021电子商务	87	86	85	90	90	438	87.6	2	合格
02105011008	梁美芬	信息工程系	2021电子商务	87	91	81	80	81	420	84	7	合格
02105011009	汪洋	信息工程系	2021电子商务	86	78	66	87	77	394	78.8	17	合格
02105011010	贺广文	信息工程系	2021电子商务	84	79	75	80	87	405	81	11	合格
02105011011	刘军	信息工程系	2021电子商务	88	90	65	84	84	411	82.2	9	合格
02105011012	黄文建	信息工程系	2021电子商务	81	88	71	81	82	403	80.6	13	合格
02105011013	张家辉	信息工程系	2021电子商务	96	79	71	76	81	403	80.6	13	合格
02105011014	唐旋	信息工程系	2021电子商务	85	93	89	90	87	444	88.8	1	合格
02105011015	彭明	信息工程系	2021电子商务	53	62	57	57	52	281	56.2	23	不合格
02105011016	杨江水	信息工程系	2021电子商务	87	78	73	83	86	407	81.4	10	合格
02105011017	钱惠贤	信息工程系	2021电子商务	89	75	85	80	86	415	83	8	合格
02105011018	覃明杰	信息工程系	2021电子商务	84	71	85	78	82	400	80	15	合格
02105011019	李清	信息工程系	2021电子商务	80	81	90	87	87	425	85	5	合格
02105011020	江文强	信息工程系	2021电子商务	79	65	75	81	85	385	77	20	合格
02105011021	岑海威	信息工程系	2021电子商务	96	71	80	75	82	404	80.8	12	合格
02105011022	贝凌	信息工程系	2021电子商务	91	60	70	71	73	365	73	21	合格
02105011023	秦丽君	信息工程系	2021电子商务	81	79	73	84	72	389	77.8	19	合格
各科目最高分				96	93	91	90	90				
各科目最低分				43	23	57	57	52				

图 5-2-28　美化新添加的列

2021级电子商务班学生期考成绩表

学号	姓名	系别	班级	大学英语	计算机应用基础	思想政治	体育	电子商务概论	总分	平均分	排名	备注
02105011001	黄小明	信息工程系	2021电子商务	88	80	91	88	84	431	86.2	3	合格
02105011002	张静兰	信息工程系	2021电子商务	85	78	61	84	84	392	78.4	18	合格
02105011003	兰玉	信息工程系	2021电子商务	88	90	86	82	83	429	85.8	4	合格
02105011004	高松	信息工程系	2021电子商务	89	88	77	84	84	422	84.4	6	合格
02105011005	赵宇	信息工程系	2021电子商务	43	23	69	74	82	291	58.2	22	不合格
02105011006	黄立清	信息工程系	2021电子商务	88	80	77	77	78	400	80	15	合格
02105011007	王艳宁	信息工程系	2021电子商务	87	86	85	90	90	438	87.6	2	合格
02105011008	梁美芬	信息工程系	2021电子商务	87	91	81	80	81	420	84	7	合格
02105011009	汪洋	信息工程系	2021电子商务	86	78	66	87	77	394	78.8	17	合格
02105011010	贺广文	信息工程系	2021电子商务	84	79	75	80	87	405	81	11	合格
02105011011	刘军	信息工程系	2021电子商务	88	90	65	84	84	411	82.2	9	合格
02105011012	黄文建	信息工程系	2021电子商务	81	88	71	81	82	403	80.6	13	合格
02105011013	张家辉	信息工程系	2021电子商务	96	79	71	76	81	403	80.6	13	合格
02105011014	唐旋	信息工程系	2021电子商务	85	93	89	90	87	444	88.8	1	合格
02105011015	彭明	信息工程系	2021电子商务	53	62	57	57	52	281	56.2	23	不合格
02105011016	杨江水	信息工程系	2021电子商务	87	78	73	83	86	407	81.4	10	合格
02105011017	钱惠贤	信息工程系	2021电子商务	89	75	85	80	86	415	83	8	合格
02105011018	覃明杰	信息工程系	2021电子商务	84	71	85	78	82	400	80	15	合格
02105011019	李清	信息工程系	2021电子商务	80	81	90	87	87	425	85	5	合格
02105011020	江文强	信息工程系	2021电子商务	79	65	75	81	85	385	77	20	合格
02105011021	岑海威	信息工程系	2021电子商务	96	71	80	75	82	404	80.8	12	合格
02105011022	贝凌	信息工程系	2021电子商务	91	60	70	71	73	365	73	21	合格
02105011023	秦丽君	信息工程系	2021电子商务	81	79	73	84	72	389	77.8	19	合格
各科目最高分				96	93	91	90	90				
各科目最低分				43	23	57	57	52				

图 5-2-29　设置标题合并居中

8. 应用条件格式

将学生各科目的成绩中，低于 60 分的以红色显示，高于 90 分（含 90 分）的以蓝色显示。操作步骤如下。

（1）选中 E4:I26 单元格区域。

（2）单击“开始”选项卡中的“条件格式”按钮，在弹出的下拉列表中选择“突出显示单元格规则”→“小于”选项，如图 5-2-30 所示。打开“小于”对话框，在“为小于以下值的单元格设置格式”栏中输入“60”，在“设置为”下拉列表中选择“红色文本”选项，如图 5-2-31 所示。

图 5-2-30　"小于"选项　　　　　　　　　　图 5-2-31　"小于"对话框

（3）单击"开始"选项卡中的"条件格式"按钮，在弹出的下拉列表中选择"突出显示单元格规则"→"其他规则"选项，如图 5-2-32 所示。打开"新建格式规则"对话框，在"只为包含以下条件的单元格设置格式"中设置单元格值大于或等于 90，如图 5-2-33 所示，单击"格式"按钮，弹出"单元格格式"对话框，选择"字体"选项卡，在"颜色"下拉列表中选择"暗板岩蓝，文本 2"选项，单击"确定"按钮，如图 5-2-34 所示。

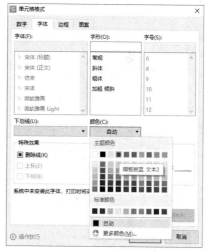

图 5-2-32　"其他规则"选项　　　图 5-2-33　新建格式规则　　　　图 5-2-34　设置字体颜色

9. 冻结工作表

如果希望在工作表滚动时保持行号、列标题或某些数据始终可见，可以用冻结功能将工作表窗口顶部和左侧区域固定，使其不随滚动条的滚动而移动。方法是：选中要冻结行的下部，列的右部的单元格，如 C4 单元格，单击"开始"选项卡中的"冻结窗格"按钮，在弹出的下拉列表中选择"冻结至第三行 B 列"选项，则当前单元格以上的行与以左的列被冻结，如图 5-2-35 和图 5-2-36 所示。

图 5-2-35　"冻结拆分窗格"选项

	A	B	D	E	F
1				2021级电子商务班	
2					
3	学号	姓名	班级	大学英语	计算机应用基础
4	021 05011001	黄小明	电子商务	88	80
5	021 05011002	张静兰	电子商务	85	78
6	021 05011003	兰玉	电子商务	88	90
7	021 05011004	高松	电子商务	89	88
8	021 05011005	赵宇	电子商务	43	23
9	021 05011006	黄立清	电子商务	88	80
10	021 05011007	王艳宁	电子商务	87	86
11	021 05011008	梁美芬	电子商务	87	91
12	021 05011009	汪洋	电子商务	86	78
13	021 05011010	贺广文	电子商务	84	79
14	021 05011011	刘军	电子商务	88	90
15	021 05011012	黄文建	电子商务	81	88
16	021 05011013	张家辉	电子商务	96	79
17	021 05011014	唐旎	电子商务	85	93
18	021 05011015	彭明	电子商务	53	62
19	021 05011016	杨江水	电子商务	87	78
20	021 05011017	钱惠贤	电子商务	89	75
21	021 05011018	覃明杰	电子商务	84	71
22	021 05011019	李清	电子商务	80	81
23	021 05011020	江文强	电子商务	79	65
24	021 05011021	岑海威	电子商务	96	71
25	021 05011022	贝凌	电子商务	91	60
26	021 05011023	秦丽君	电子商务	81	79
27			各科	96	93
28			各科	43	23

图 5-2-36　冻结窗格后的效果

操作三　插入图表

在"期考成绩表"工作簿中插入一个各学生总分和平均分比较的柱形图表，显示方式为独立图表，名称为"期考成绩图表"。

1. 选择源数据，插入图表

打开"期考成绩表"工作表，按住【Ctrl】键，选中 B3:B26 和 J3:K26 单元格区域，单击"插入"选项卡"全部图表"选项组中的"全部图表"按钮，在弹出的"插入图表"对话框中选择"堆积柱形图"选项，如图 5-2-37～图 5-2-39 所示。

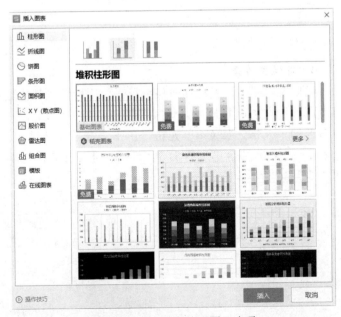

图 5-2-37　插入图表　　　　　　　　　　图 5-2-38　"堆积柱形图"选项

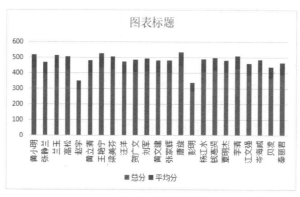

图 5-2-39　生成的堆积柱形图

2. 移动图表

选中新插入的图表，单击"图表工具"选项卡中的"移动图表"按钮，如图 5-2-40 所示。弹出"移动图表"对话框，选中"新工作表"单选按钮，并输入新工作表名称"期考成绩图表"，如图 5-2-41 所示。

图 5-2-40　"移动图表"按钮

图 5-2-41　"移动图表"对话框

3. 更改图表样式

选中图表，单击"图表工具"选项卡中的"预设样式"按钮，在弹出的下拉列表中选择样式 10，如图 5-2-42 所示。

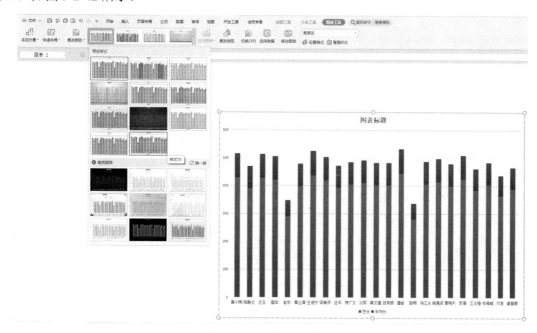

图 5-2-42　更改图表样式

4. 更改水平（类别）轴的格式

图表中的水平（类别）轴标签数目过多，无法横排排列，默认是斜着排列，现在需要将标签设置为竖排排列。操作步骤如下。

选中图表，单击"图表工具"选项卡，选择"图表元素"中的"水平（类别）轴"选项，然后单击"设置格式"按钮，如图 5-2-43 所示。在工作区右侧的"属性"对话框中，单击"文本选项"/"对齐方式"选项卡，在"文字方向"下拉列表中选择"竖排"选项，如图 5-2-44 所示。

图 5-2-43　更改水平（类别）轴的格式

图 5-2-44　更改水平（类别）轴的格式

5. 添加图表标题

在图表标题处输入"2021 级电子商务班期考成绩图表"，如图 5-2-45 所示。

6. 更改图例

选中图表，单击"图表工具"选项卡，选择"图表元素"中的"图例"选项，然后单击"设置格式"按钮。在工作区右侧的"属性"对话框中，单击"图例选项"/"图例"选项卡，在"图例位置"列表中选择"靠上"选项，如图 5-2-45 和图 5-2-46 所示。

图 5-2-45　输入图表标题

图 5-2-46　"在顶部显示图例"选项

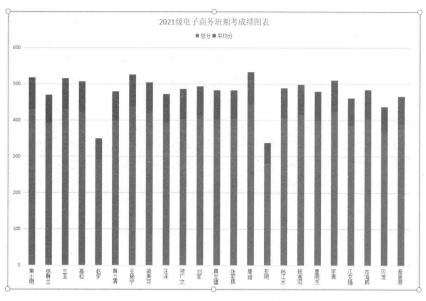

图 5-2-47　更改图例后的效果

相关知识

1. 公式的正确输入

（1）WPS 表格的公式是以"="开头的，后面跟着由操作数和运算符组成的表达式。操作数可以是常数、单元格引用、函数。

（2）WPS 表格的公式中使用下列 4 种运算符。

算术运算符：+（加号）、-（减号）、*（乘）、/（除）、%（百分号）、^（乘幂）。

比较运算符：=（等于）、>（大于）、<（小于）、>=（大于等于）、<=（小于等于）、<>（不等于）。比较运算符可以用于比较两个数值的大小，运算结果为逻辑值 TRUE 或 FALSE。

文本运算符：&，用于将一个或多个文本连接为一个组合文本。例如，A1 单元格的内容为"中国"二字，B1 单元格中的内容为"北京"二字，在 C1 单元格中输入公式"=A1&B1"，按【Enter】键确认之后，在 C1 单元格中显示的内容是"中国北京"。

引用运算符：":"（区域运算符）、","（联合运算符）。":"表示对包括在两个引用之间的所有单元格的引用，如 B2:D3 表示对 B2、B3、C2、C3、D2、D3 共 6 个单元格的引用，即从 B2 开始、D3 结束的一个矩形连续的区域。","表示是对不连续单元格的引用，如 B2,D3 表示只对 B2 和 D3 共两个单元格的引用。

运算符的引用优先级别由高到低分别是引用运算符、算术运算符、文本运算符、比较运算符。如果是相同优先级别的运算符，按照从左至右的顺序进行运算；如要改变运算顺序可以采用"（　）"。

2. 公式的自动填充

公式的自动填充实质是复制公式，因此我们可以通过复制、粘贴的方法来实现。

3. 相对引用和绝对引用

单元格的引用分为相对引用、绝对引用和混合引用 3 种。相对引用的单元格地址由列号和行号组成，如 A2、B5 等；绝对引用的单元地址在列标和行号前均要加"$"符号，如$J$4；混合引用是由相对引用和绝对引用相结合的引用方式，如$A1、A$5，如果公式所在单元格的位置改变，则相对引用改变，而绝对引用不变。

如果在当前工作表中需要引用其他工作表中单元格的数据，可使用下面的引用方法："工作表标签！单元格引用"。例如，若要计算 Sheet1 工作表中 B1 单元格与 Sheet3 工作表中 D1 单元格的乘积，则可输入公式"=B1*Sheet3！D1"。再如，公式=SUM（Sheet1:Sheet2！C2:D4）表示对 Sheet1至 Sheet2 的每个工作表中的 C2 至 D4 的单元格求和。

4．自动换行

如果单元格的列宽是固定的，不允许调整，但表格内的文字又没有完全显示，可在"设置单元格格式"对话框中选择"对齐"选项卡，选择"文本控制"选项组中的"自动换行"复选框，就可以在不调整列宽的情况下完全显示单元格内的文字，如图 5-2-48 和图 5-2-49 所示。

5．强行换行

按【Alt+Enter】快捷键可以实现强行换行。自动换行是指将超出单元格宽度的文本自动换到下一行，而使用强行换行的快捷键，不管文本是否超出单元格宽度，都会在指定的位置上换行，如图 5-2-50 所示。

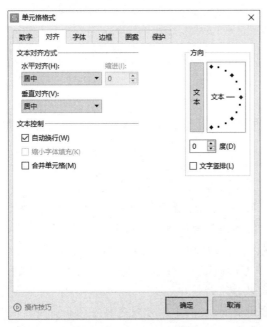

图 5-2-48　"对齐"选项卡

图 5-2-49　自动换行的效果

图 5-2-50　强行换行的效果

任务三　制作学生成绩分析表

本任务以制作 2021 级电子商务班学生期考成绩分析数据表（图 5-3-1）为例，介绍 WPS 表格强大的数据管理分析功能。通过本任务，读者可以学会如下操作。

- 数据排序。
- 筛选。
- 分类汇总。
- 创建数据透视表与数据透视图。

图 5-3-1 2021 级电子商务班学生期考成绩分析数据表

操作一 数据排序

在对工作表进行数据分析时，常常需要根据数据大小来改变排列的顺序。WPS 表格提供了强大的排序功能，可以很方便地对数据进行分析与管理。

操作要求：在 D 盘的"WPS 表格"文件夹中打开"学生成绩分析表"工作簿，并按要求进行设置。

操作步骤如下。

1. 备份"期考成绩数据分析表"

（1）在"期考成绩数据分析表"工作表标签上右击，在弹出的快捷菜单中选择"复制工作表"命令，如图 5-3-2 所示。系统会自动在"期考成绩数据分析表"工作表后生成"期考成绩数据分析表（2）"工作表。

也可以使用另一种方法调整工作表生成的位置。

在"期考成绩数据分析表"工作表标签上右击，在弹出的快捷菜单中选择"移动工作表"命令，弹出"移动或复制工作表"对话框，在"下列选定工作表之前"列表框中选择"（移至最后）"选项，并选中"建立副本"复选框，建立工作表的副本"期考成绩数据分析表（2）"如图 5-3-3 所示。

（2）重复上面的操作，再为"期考成绩数据分析表"工作表建立 3 个副本："期考成绩数据分析表（3）""期考成绩数据分析表（4）""期考成绩数据分析表（5）"，如图 5-3-4 所示。

（3）为"期考成绩数据分析表（2）""期考成绩数据分析表（3）""期考成绩数据分析表（4）""期考成绩数据分析表（5）"重命名，依次为"排序""自动筛选""高级筛选""分类汇总"，如图 5-3-5 所示。

图 5-3-2 "移动或复制"命令　　　　图 5-3-3 "移动或复制工作表"对话框

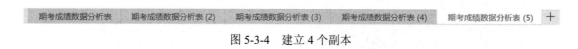

图 5-3-4 建立 4 个副本

期考成绩数据分析表　排序　自动筛选　高级筛选　分类汇总 ＋

图 5-3-5 重命名后的工作表标签

2. 数据排序

（1）将"排序"工作表中的"总分"按由高到低的顺序进行排序。

① 打开"排序"工作表，单击"总分"列中的任一单元格。

② 单击"开始"选项卡中的"排序"按钮，在弹出的下拉列表中选择"降序"选项，如图 5-3-6 所示。则工作表中的"总分"按由高到低的顺序进行排序，如图 5-3-7 所示。

图 5-3-6 "降序"选项　　　　图 5-3-7 按"总分"排序后的结果

（2）多条件排序。

在对"总分"进行由高到低排序的过程中，发现"总分"字段中有相同的值，现规定如果"总分"相同，"大学英语"成绩高的同学排在前面，如果"总分"及"大学英语"成绩均相同，则"计算机应用基础"成绩高的同学排在前。此时，只能执行多条件的排序，操作步骤如下。

① 单击"总分"列中的任一单元格。

② 单击"开始"选项卡中的"排序"按钮，在弹出的下拉列表中选择"自定义排序"选项，如图 5-3-8 所示。弹出"排序"对话框，单击两次"添加条件"按钮，分别输入次要关键字"大学英语"和"计算机应用基础"，设置次序均为"降序"，如图 5-3-9 所示。

图 5-3-8 "自定义排序"选项

图 5-3-9 "排序"对话框

③ 单击"确定"按钮完成排序，如图 5-3-10 所示。

学号	姓名	性别	系别	班级	大学英语	计算机应用基础	思想政治	体育	电子商务概论	总分	平均分
02105011014	唐旋	女	信息工程系	2021电子商务	85	93	89	90	87	444	88.8
02105011007	王艳宁	女	信息工程系	2021电子商务	87	86	85	90	90	438	87.6
02105011001	黄小明	男	信息工程系	2021电子商务	88	80	91	88	84	431	86.2
02105011003	兰玉	女	信息工程系	2021电子商务	88	90	86	82	83	429	85.8
02105011019	李清	男	信息工程系	2021电子商务	80	81	90	87	87	425	85
02105011004	高松	男	信息工程系	2021电子商务	89	88	77	84	84	422	84.4
02105011008	梁美芬	女	信息工程系	2021电子商务	87	91	81	80	81	420	84
02105011017	钱惠贤	女	信息工程系	2021电子商务	89	75	85	80	86	415	83
02105011011	刘军	男	信息工程系	2021电子商务	88	90	65	84	84	411	82.2
02105011016	杨江水	男	信息工程系	2021电子商务	87	78	73	83	86	407	81.4
02105011010	贺广文	男	信息工程系	2021电子商务	84	79	75	80	87	405	81
02105011021	岑海威	男	信息工程系	2021电子商务	96	71	80	75	82	404	80.8
02105011013	张家辉	男	信息工程系	2021电子商务	96	79	71	76	81	403	80.6
02105011012	黄文建	男	信息工程系	2021电子商务	81	88	71	81	82	403	80.6
02105011006	黄立清	男	信息工程系	2021电子商务	88	80	77	77	78	400	80
02105011018	覃明杰	男	信息工程系	2021电子商务	84	71	85	78	82	400	80
02105011009	汪洋	男	信息工程系	2021电子商务	86	78	66	87	77	394	78.8
02105011002	张静兰	女	信息工程系	2021电子商务	85	78	61	84	84	392	78.4
02105011023	秦丽君	女	信息工程系	2021电子商务	81	79	73	84	72	389	77.8
02105011020	江文强	男	信息工程系	2021电子商务	79	65	75	81	85	385	77
02105011022	贝凌	女	信息工程系	2021电子商务	91	60	70	71	73	365	73
02105011005	赵宇	男	信息工程系	2021电子商务	43	23	69	74	82	291	58.2
02105011015	彭明	男	信息工程系	2021电子商务	53	62	57	57	52	281	56.2

图 5-3-10 多条件排序后的结果

操作二 数据筛选

1. 自动筛选

在"期考成绩表"工作簿中的"自动筛选"工作表中显示"平均分"大于等于 80 分的男同学。

（1）打开"自动筛选"工作表。

（2）选中 A3:L26 单元格区域中的任一单元格，单击"开始"选项卡中的"筛选"按钮，在弹出的下拉列表中选择"筛选"，如图 5-3-11 所示。

（3）此时，在数据清单中的每个字段名都显示一个下拉按钮。单击字段名"平均分"右侧的下拉按钮，会弹出一个下拉列表，选择"数字筛选"→"大于或等于"，如图 5-3-12 所示。

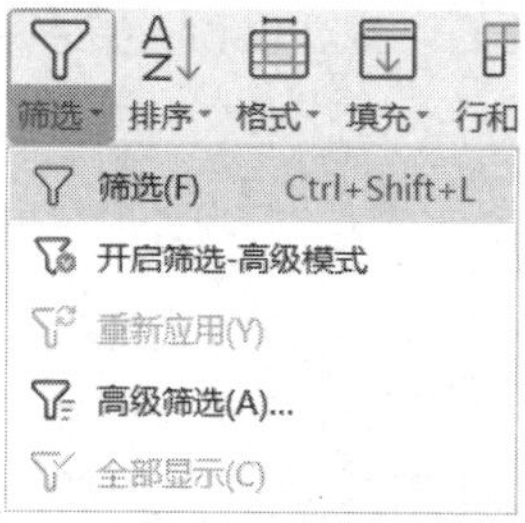

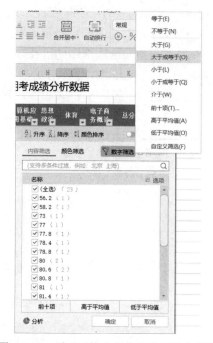

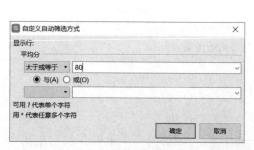

图 5-3-11　"筛选"选项

图 5-3-12　对"平均分"字段进行数字筛选

（4）打开"自定义自动筛选方式"对话框，在"平均分"下拉列表中选择"大于或等于"选项，在右侧的框中输入"80"，如图 5-3-13 所示。

（5）单击字段名"性别"右侧的下拉按钮，取消选中"女"复选框，如图 5-3-14 所示。单击"确定"按钮即可完成，此时，数据清单中只显示平均分大于或等于 80 分，且性别为男的记录，而其他不满足条件的记录被隐藏起来了，如图 5-3-15 所示。

图 5-3-13　"自定义自动筛选方式"对话框

图 5-3-14　对"性别"字段进行筛选

学号	姓名	性别	系别	班级	大学英语	计算机应用基础	思想政治	体育	电子商务概论	总分	平均分
02105011001	黄小明	男	信息工程系	2021电子商务	88	80	91	88	84	431	86.2
02105011004	高松	男	信息工程系	2021电子商务	89	88	77	84	84	422	84.4
02105011006	黄立清	男	信息工程系	2021电子商务	88	80	77	77	78	400	80
02105011010	贺广文	男	信息工程系	2021电子商务	84	79	75	80	87	405	81
02105011011	刘军	男	信息工程系	2021电子商务	88	90	65	84	84	411	82.2
02105011012	黄文建	男	信息工程系	2021电子商务	81	88	71	81	82	403	80.6
02105011013	张家辉	男	信息工程系	2021电子商务	96	79	71	76	81	403	80.6
02105011016	杨江水	男	信息工程系	2021电子商务	87	78	73	83	86	407	81.4
02105011018	覃明杰	男	信息工程系	2021电子商务	84	71	85	78	82	400	80
02105011019	李清	男	信息工程系	2021电子商务	80	81	90	87	87	425	85
02105011021	岑海威	男	信息工程系	2021电子商务	96	71	80	75	82	404	80.8

图 5-3-15　自动筛选的结果

2. 高级筛选

在"高级筛选"工作表中选出性别是男生，或者总分大于或等于 400 分的同学。此时用自动筛选没办法完成这个工作，只能用高级筛选来完成。

高级筛选必须定义 3 个单元格区域：一是筛选的数据区域；二是筛选的条件区域；三是存放筛选出来的数据的区域（此步骤可以采取默认的选项）。

（1）在"高级筛选"工作表中数据区域的下方（至少和数据区域隔开一个空白行）建立一个条件区域，如 C28 单元格，复制工作表中的"性别"字段到 C28 单元格，在 C29 单元格中输入数据"男"。

（2）复制工作表中的"总分"字段到 D28 单元格，在 D30 单元格中输入条件">=400"；则 C28:D28 单元格区域即为条件区域，如图 5-3-16 所示。

图 5-3-16　设置高级筛选的条件区域

（3）选中数据区域中的任一单元格，单击"开始"选项卡"筛选"选项组中的"高级筛选"按钮，如图 5-3-17所示。打开"高级筛选"对话框，选中"将筛选结果复制到其他位置"单选按钮。

（4）将"列表区域"设置为"高级筛选!$A$3:$L$26"。

（5）将"条件区域"设置为"高级筛选!$C$28:$D$29"。

（6）将"复制到"设置为"高级筛选!$N$3"，如图 5-3-18 所示。

图 5-3-17　"高级"按钮

图 5-3-18　"高级筛选"对话框

（7）单击"确定"按钮，可以看到从 N3 单元格开始显示的是满足性别是男生，或者总分大于或等于 400 分的同学的记录，如图 5-3-19 所示。

高级筛选中定义的 3 个数据区域与"高级筛选"工作表中具体数据的对应关系如下：一是筛选的数据区域，即为"高级筛选"工作表中的 A3:L26 单元格区域；二是筛选的条件区域，即为"高级筛选"工作表中的 C28: D29 单元格区域；三是存放筛选出来的数据的区域，即为"高级筛选"

工作表中以 N3 单元格开始的单元格区域。

学号	姓名	性别	系别	班级	大学英语	计算机应用基础	思想政治	体育	电子商务概论	总分	平均分
0210501100	黄小明	男	信息工程系	21电子商	88	80	91	88	84	431	86.2
0210501100	高松	男	信息工程系	21电子商	89	88	77	84	84	422	84.4
0210501100	黄立清	男	信息工程系	21电子商	88	80	77	77	78	400	80
0210501101	贺广文	男	信息工程系	21电子商	84	79	75	80	87	405	81
0210501101	刘军	男	信息工程系	21电子商	88	90	65	84	84	411	82.2
0210501101	黄文建	男	信息工程系	21电子商	81	88	71	81	82	403	80.6
0210501101	张家辉	男	信息工程系	21电子商	96	79	71	76	81	403	80.6
0210501101	杨江水	男	信息工程系	21电子商	87	78	73	83	86	407	81.4
0210501101	覃明杰	男	信息工程系	21电子商	84	71	85	78	82	400	80
0210501101	李清	男	信息工程系	21电子商	80	81	90	87	87	425	85
0210501102	岑海威	男	信息工程系	21电子商	96	71	80	75	82	404	80.8

图 5-3-19 高级筛选的结果

简单来说，以上操作的含义是：在 A3: L26 单元格区域中查找满足条件区域 C28: D29 的条件，并将满足条件的记录显示在以 N3 单元格开始的单元格区域中。

操作三 分类汇总

分类汇总是实际应用中经常遇到的问题，是数据处理的一个重要工具，是对数据清单按某个字段进行分类，将字段值相同的记录作为一类，进行求和、求平均、计数等汇总运算。

分类汇总在实际操作中分两步进行：第一步，首先对分类的字段进行排序，目的是让字段值相同的记录集中在一起，即称为分类；第二步，进行分类汇总操作，确定对哪个字段进行分类、汇总及汇总的方式。

对"分类汇总"工作表，按"性别"来统计各科目的平均分，操作步骤如下。

1. 分类

（1）打开"分类汇总"工作表，选中"性别"列中的任一单元格。

（2）单击"开始"选项卡中的"筛选"按钮，在弹出的下拉列表中选择"降序"或"升序"选项。此时可以看到，性别相同的所有记录全部集中在一起，如图 5-3-20 所示，即为分类，也就是说分类的手段是对分段的字段执行一次排序操作。

学号	姓名	性别	系别	班级	大学英语	计算机应用基础	思想政治	体育	电子商务概论	总分	平均分
02105011001	黄小明	男	信息工程系	2021电子商务	88	80	91	88	84	431	86.2
02105011004	高松	男	信息工程系	2021电子商务	89	88	77	84	84	422	84.4
02105011005	赵宇	男	信息工程系	2021电子商务	43	23	69	74	82	291	58.2
02105011006	黄立清	男	信息工程系	2021电子商务	88	80	77	77	78	400	80
02105011009	汪洋	男	信息工程系	2021电子商务	86	78	66	87	77	394	78.8
02105011010	贺广文	男	信息工程系	2021电子商务	84	79	75	80	87	405	81
02105011011	刘军	男	信息工程系	2021电子商务	88	90	65	84	84	411	82.2
02105011012	黄文建	男	信息工程系	2021电子商务	81	88	71	81	82	403	80.6
02105011013	张家辉	男	信息工程系	2021电子商务	96	79	71	76	81	403	80.6
02105011015	彭明	男	信息工程系	2021电子商务	53	62	57	57	52	281	56.2
02105011016	杨江水	男	信息工程系	2021电子商务	87	78	73	83	86	407	81.4
02105011018	覃明杰	男	信息工程系	2021电子商务	84	71	85	78	82	400	80
02105011019	李清	男	信息工程系	2021电子商务	81	90	87	87	87	425	85
02105011020	江文强	男	信息工程系	2021电子商务	79	65	75	81	85	385	77
02105011021	岑海威	男	信息工程系	2021电子商务	96	71	80	75	82	404	80.8
02105011002	张静兰	女	信息工程系	2021电子商务	85	78	61	84	84	392	78.4
02105011003	兰玉	女	信息工程系	2021电子商务	88	90	86	82	83	429	85.8
02105011007	王艳宁	女	信息工程系	2021电子商务	87	86	85	90	90	438	87.6
02105011008	梁美芬	女	信息工程系	2021电子商务	87	91	81	80	81	420	84
02105011014	唐旋	女	信息工程系	2021电子商务	85	93	89	90	87	444	88.8
02105011017	钱惠贤	女	信息工程系	2021电子商务	89	75	85	80	86	415	83
02105011022	贝凌	女	信息工程系	2021电子商务	91	60	70	71	73	365	73
02105011023	秦丽君	女	信息工程系	2021电子商务	81	79	73	84	72	389	77.8

图 5-3-20 按"性别"排序之后的结果

2．汇总

（1）单击"数据"选项卡"分级显示"选项组中的"分类汇总"按钮，如图 5-3-21 所示。

（2）打开"分类汇总"对话框，在"分类字段"下拉列表中选择"性别"选项，在"汇总方式"下拉列表中选择"平均值"选项，在"选定汇总项"列表框中选中"大学英语""计算机应用基础""思想政治""体育""电子商务概论"复选框，如图 5-3-22 所示。

图 5-3-21　"分类汇总"按钮　　　　图 5-3-22　"分类汇总"对话框

（3）单击"确定"按钮，分类汇总的结果如图 5-3-23 所示。

若要取消分类汇总，可在数据区域中再次打开"分类汇总"对话框，单击左下方的"全部删除"按钮即可取消分类汇总。

学号	姓名	性别	系列	班级	大学英语	计算机应用基础	思想政治	体育	电子商务概论	总分	平均分
02105011001	黄小明	男	信息工程系	2021电子商务	88	80	91	88	84	431	86.2
02105011004	高松	男	信息工程系	2021电子商务	89	88	77	84	84	422	84.4
02105011005	赵宇	男	信息工程系	2021电子商务	43	23	69	74	82	291	58.2
02105011006	黄立清	男	信息工程系	2021电子商务	88	80	77	78	400	80
02105011009	汪洋	男	信息工程系	2021电子商务	86	78	66	87	77	394	78.8
02105011010	贺广文	男	信息工程系	2021电子商务	84	79	75	80	87	405	81
02105011011	刘军	男	信息工程系	2021电子商务	88	90	65	84	84	411	82.2
02105011012	黄文建	男	信息工程系	2021电子商务	81	88	71	81	82	403	80.6
02105011013	张家辉	男	信息工程系	2021电子商务	96	79	71	76	81	403	80.6
02105011015	彭明	男	信息工程系	2021电子商务	53	62	57	57	52	281	56.2
02105011016	杨江水	男	信息工程系	2021电子商务	87	78	73	83	86	407	81.4
02105011018	覃明杰	男	信息工程系	2021电子商务	84	71	85	78	82	400	80
02105011019	李清	男	信息工程系	2021电子商务	80	81	90	87	87	425	85
02105011020	江文强	男	信息工程系	2021电子商务	79	65	75	81	85	385	77
02105011021	岑海威	男	信息工程系	2021电子商务	96	71	80	75	82	404	80.8
		男 平均值			81.47	74.2	74.8	79.46666667	80.8667		
02105011002	张静兰	女	信息工程系	2021电子商务	85	78	61	84	84	392	78.4
02105011003	兰玉	女	信息工程系	2021电子商务	88	90	86	82	83	429	85.8
02105011007	王艳宁	女	信息工程系	2021电子商务	87	86	85	90	90	438	87.6
02105011008	梁美芬	女	信息工程系	2021电子商务	91	81	80	88	80	420	84
02105011014	唐健	女	信息工程系	2021电子商务	85	93	89	90	87	444	88.8
02105011017	钱惠贤	女	信息工程系	2021电子商务	89	75	85	80	86	415	83
02105011022	贝凌	女	信息工程系	2021电子商务	91	60	70	71	73	365	73
02105011023	秦丽君	女	信息工程系	2021电子商务	80	73	84	72	389	77.8
		女 平均值			86.63	81.5	78.75	82.625	82		
		总平均值			83.26	76.73913	76.17	80.56521739	81.2609		

图 5-3-23　分类汇总的结果

操作四　创建数据透视表与数据透视图

数据透视表是一种可以对大量数据进行快速汇总和建立交叉列表的交互式表格。它能够转换行和列，以查看源数据的不同汇总结果，并显示不同页面的筛选数据，还可以根据需要显示区域中的明细数据。数据透视表是一种动态工作表，它提供了一种以不同角度观看数据清单的简便方法。

图 5-3-24 "创建数据透视表"对话框

在实际生活中，有时需要按多个字段进行分类汇总，利用前面学过的分类汇总无法完成此任务或者说无法清楚明确地展现想要的分析结果，而 WPS 表格提供的数据透视表可以解决这个问题。

在"期考成绩数据分析表"工作表中，按"姓名"及"性别"求各科目的平均分。

（1）打开"期考成绩数据分析表"工作表，选中数据区域中的任一单元格。

（2）单击"插入"选项卡中的"数据透视表"按钮，在打开的"创建数据透视表"对话框中选中"新工作表"单选按钮，如图 5-3-24 所示。

（3）单击"确定"按钮，此时新建一个工作表"Sheet1"，将其重命名为"期考成绩透视表"如图 5-3-25 所示。

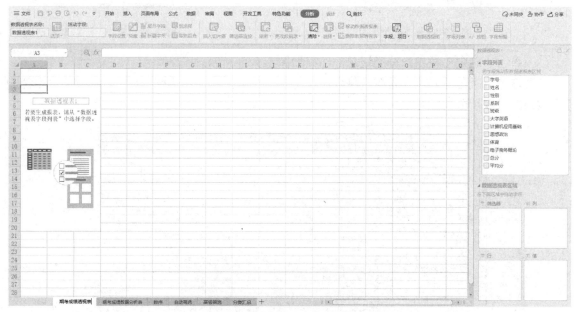

图 5-3-25 数据透视表界面

（4）选择需要添加到报表的字段，此处选中"姓名""性别""大学英语""计算机应用基础""思想政治""体育""电子商务概论"复选框，如图 5-3-26 所示。

（5）设置"行标签"字段，将"姓名"字段拖动至"行"列表框中。

（6）设置"报表筛选"字段，将"性别"字段拖动至"筛选器"列表框中，如图 5-3-27 所示。

（7）在"值"列表框中单击每一项求和项下拉按钮，在弹出的下拉列表中选择"值字段设置"选项，打开"值字段设置"对话框，在"值汇总方式"选项卡的"选择用于汇总所选字段数据的计算类型"列表框中选择"平均值"选项，如图 5-3-28 和图 5-3-29 所示。

图 5-3-26　选择要添加到报表的字段

图 5-3-27　拖动字段到"报表筛选"和"行标签"列表框中

图 5-3-28　"值字段设置"对话框

图 5-3-29　"值"字段的设置

（8）在数据透视表中单击"性别"字段的下拉按钮，在弹出的下拉列表中选择"男"，就可以在数据透视表中查看男生的各科成绩，以及按科目查看平均分情况了，如图 5-3-30 所示。

性别	男				
姓名	平均值项:大学英语	平均值项:计算机应用基础	平均值项:思想政治	平均值项:体育	平均值项:电子商务概论
岑海威	96	71	80	75	82
高松	89	88	77	84	84
贺广文	84	79	75	80	87
黄立清	88	80	77	77	78
黄文建	81	88	71	81	82
黄小明	88	80	91	88	84
江文强	79	65	75	81	85
李清	80	81	90	87	87
刘军	88	90	65	84	84
彭明	53	62	57	57	52
覃明杰	84	71	85	78	82
汪洋	86	78	66	87	77
杨江水	87	78	73	83	86
张家辉	96	79	71	76	82
赵宇	43	23	69	74	82
总计	81.46666667	74.2	74.8	79.46666667	80.86666667

图 5-3-30　生成的数据透视表

（9）美化数据透视表。选中数据透视表，单击"开始"选项卡中的"表格样式"按钮，在弹出的下拉列表中选择"数据透视表样式深色 6"选项，如图 5-3-31 和图 5-3-32 所示。

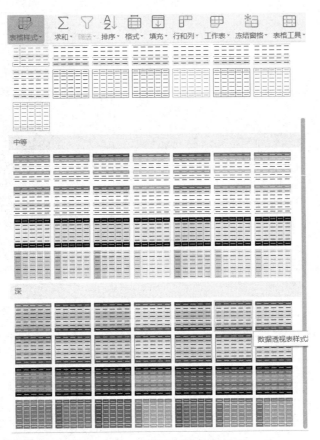

图 5-3-31　"表格样式"下拉列表

性别	男				
姓名	平均值项:大学英语	平均值项:计算机应用基础	平均值项:思想政治	平均值项:体育	平均值项:电子商务概论
岑海威	96	71	80	75	82
高松	89	88	77	84	84
贺广文	84	79	75	80	87
黄立清	88	80	77	77	78
黄文建	81	88	71	81	82
黄小明	88	80	91	88	84
江文强	79	65	75	81	85
李清	80	81	90	87	87
刘军	88	90	65	84	84
彭明	53	62	57	57	52
覃明杰	84	71	85	78	82
汪洋	86	78	66	87	77
杨江水	87	78	73	83	86
张家辉	96	79	71	76	81
赵宇	43	23	69	74	82
总计	81.46666667	74.2	74.8	79.46666667	80.86666667

图 5-3-32　美化之后的数据透视表

相关知识

1. 排序的技巧

（1）删除排序条件。对于已经设置了排序操作的数据表，选中数据表中的任一单元格，单击"开始"选项卡中的"筛选"按钮，在弹出的下拉列表中选择"自定义排序"选项，弹出"排序"对话框，如图 5-3-33 所示，选择需要删除的排序条件，然后单击"删除条件"按钮。

（2）如果该列是汉字，则排序可能按笔画或按字母排序。选中"性别"列数据区域的任一单元格，单击"开始"选项卡中的"筛选"按钮，在弹出的下拉列表中选择"自定义排序"选项，打开"排序"对话框，在"主要关键字"下拉列表中选择"姓名"选项，在"次序"下拉列表中选择"升序"选项，然后选择主要关键字的排序条件，单击"选项"按钮，弹出"排序选项"对话框，排序方式有两种："拼音排序"和"笔画排序"，如图 5-3-34 所示。

图 5-3-33　删除原有排序　　　　　　　　图 5-3-34　"排序选项"对话框

按字母排序时，是按拼音转换成英文字母之后排序的，由小到大的顺序为 A～Z；由大到小的顺序为 Z～A。例如，对"性别"字段进行排序，如果按由小到大的顺序进行排序，则"男"排在"女"的前面，这是为什么呢？因为"男"字的拼音为"nan"，"女"字的拼音为"nv"，当第一个拼音字母相同时，就比较第二个字母"a"和"v"，"a"排在"v"的前面，所以所有性别为"男"的记录排列在"女"的记录的前面。比较拼音的大小，实质上是比较拼音转换成英文字母之后的 ASCII 码的大小。

对数据区域中的某一列进行排序时，只需选中该列任一单元格，而不用选中该列，否则，在排序中将只对此列进行排序，其他列数据将保持不变，这样做可能破坏原始工作的数据结构，造成数据错行。

2. 切片器

通过切片器可以让以往的数据透视表、图如虎添翼。

生成上面的"期考成绩透视表"后，选中数据透视表中的任一单元格，单击"分析"选项卡中的"插入切片器"按钮，如图 5-3-35 所示。

打开"插入切片器"对话框，选中需要的字段，如"学号"，也可以同时选中多个字段从而插入多个切片器。这时我们就可以利用切片器，快速地进行多重筛选，从而快速地进行数据查看、分析了。分别单击各个切片，相应的数据就会实时展现了，如图 5-3-36 所示。

图 5-3-35　插入切片器　　　　　　　　图 5-3-36　运用切片器后的效果

对某个切片器进行了选择，右上角的"删除"按钮就会变成红色，单击该按钮，即可清除该切片器的筛选。

3．数据透视图

创建数据透视图的方法与创建数据透视表的方法基本一致。

设置图表样式可以单击"图表工具"选项卡"图表样式"选项组中的按钮，在弹出的下拉列表中选择合适的图表样式，如图 5-3-37 所示。

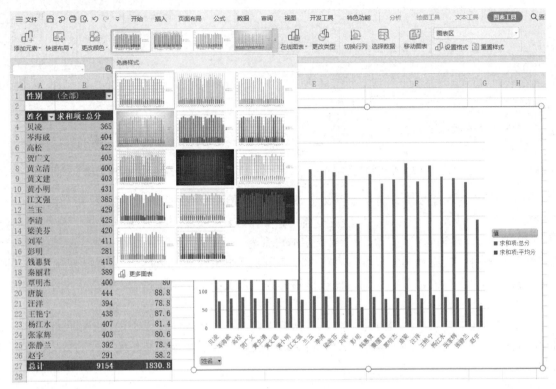

图 5-3-37　数据透视图

项目训练

一、制造业作为国民经济的重要基础产业，其发展水平决定着整个产业链的综合竞争力。制造业是一个国家的立国之本，但要说制造业哪家强，从最近 10 年中国制造业占全球比重逐年增长的实际表现来看，我国制造业规模已位居世界第一位。按以下要求完成效果如图 5-4-1 所示的"中国制造业增加值占全球比重.xlsx"文档的制作。

1．设置页面纸张为 A4。页边距：左、右各 1.8 厘米；上、下各 1.9 厘米。

2．"年份""排名"列的数据设置为文本型数据。"中国占全球份额""占全球比重"设置为百分比样式，保留小数点后两位。

3．"中国制造业增加值占全球比重"在数据清单表范围内合并居中显示，字体为微软雅黑，字号为 18。数据清单中的数据字体为宋体，字号为 12，颜色为黑色，第二行设置为白色加粗显示。

4．按照效果图设置边框线，边框线的颜色值为黑色，单元格填充颜色分别为"矢车菊蓝，着色 1""矢车菊蓝，着色 1，浅色 40%""矢车菊蓝，着色 1，浅色 80%"。

5．数据清单中的数据在单元格内完全居中。

6．设置合适的列宽，设置行高为 20。

7．自行输入部分数据进行效果验证。

8．按照效果图添加页眉页脚，页眉内容为“中国制造业增加值占全球比重”，格式设置为斜体、带下画线、居左显示；页脚内容为“第?页共?页”，设置为居右显示。

9．将工作表重命名为“中国制造业增加值占全球比重”。

中国制造业增加值占全球比重

中国制造业增加值占全球比重

年份	中国制造业增加值（亿美元）	全球制造业增加值（亿美元）	中国占全球份额
2021	48658.27	160472.66	30.32%
2020	38606.8	135703.46	28.45%
2019	38234.13	140119.43	27.29%
2018	38684.57	141713.89	27.30%
2017	34603.25	132380.2	26.14%
2016	31531.18	123892.89	25.45%
2015	32025.04	123282.73	25.98%
2014	31842.35	127150.45	25.04%
2013	29353.4	122831.63	23.90%
2012	26900.9	120648.24	22.30%
2011	24213.73	118181.66	20.49%
2010	19243.24	105782.9	18.19%
2009	16119.46	93410.2	17.26%
2008	14756.6	102365.75	14.42%
2007	11497.2	94512.9	12.16%
2006	8931.3	84033.6	10.63%
2005	7336.56	77713.3	9.44%
2004	6252.23	72608.2	8.61%

排名	国家	所在洲	年份	制造业增加值（亿美元）	占全球比重
-	全世界	—	2021	160472.66	100.00%
1	中国	亚洲	2021	48658.27	30.32%
-	欧盟地区	欧洲	2021	25301.52	15.77%
2	美国	美洲	2021	24971.3	15.56%
3	日本	亚洲	2021	10000	6.23%
4	德国	欧洲	2021	8032.13	5.01%
5	韩国	亚洲	2021	4611.04	2.87%

第1页，共1页

图 5-4-1　效果图

二、按以下要求完成如图 5-4-2 和图 5-4-3 所示的“个人收支明细表.xlsx”文档的制作。

1．“个人收支明细表”“收入”“支出”的字体设置为“微软雅黑”，字号为 18。“生活费用”“学习娱乐”“其他支出”的字体设置为黑体，字号为 14。

2．将“收入”“支出”单元格按照效果图进行单元格合并居中。

3．按照效果图设置边框线和填充效果。

	A	B	C	D	E	F	G	H	I	J	K	L	M	N	O	P
1	个人收支明细表														月度收支最大值	235
2															月度收支最小值	-470
3		一月	二月	三月	四月	五月	六月	七月	八月	九月	十月	十一月	十二月	全年合计		
4	收入															
5	父母汇款生活费	1000	0	1000										2000		
6	兼职收入	300	600	0										900		
7	收入合计	1300	600	1000	0	0	0	0	0	0	0	0	0	2900		
8	支出															
9	生活费用															
10	伙食费	430	200	420										1050		
11	宿舍水电费	30	0	30										60		
12	生活用品	100	30	80										210		
13	电话费	53	70	55										178		
14	交通费用	45	20	26										91		
15	外出就餐	200	50	64										314		
16	生活费用合计	858	370	675	0	0	0	0	0	0	0	0	0	1903		
17	学习娱乐															
18	购书、学习资料	47	0	28										75		
19	旅游	0	700	0										700		
20	娱乐	90	0	50										140		
21	健身、运动	20	0	20										40		
22	其他	0	0	10										10		
23	学习娱乐合计	157	700	108	0	0	0	0	0	0	0	0	0	965		
24	其他支出															
25	班费、杂费	0	0	100										100		
26	其他	50	0	0										50		
27	其他支出合计	50	0	100	0	0	0	0	0	0	0	0	0	150		
28																
29		一月	二月	三月	四月	五月	六月	七月	八月	九月	十月	十一月	十二月	全年合计		
30	支出总计	1065	1070	883	0	0	0	0	0	0	0	0	0	3018		
31	收支合计	235	-470	117	0	0	0	0	0	0	0	0	0	-118		
32																

图 5-4-2　个人收支明细表效果图

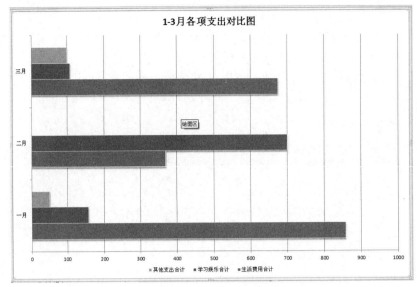

图 5-4-3　图表效果图

4. 运用公式或求和函数计算每月和全年的"收入合计""生活费用合计""学习娱乐合计""其他支出合计"及各项项目的全年合计。

5. 运用公式计算每月和全年"支出总计"，支出总计=生活费用合计+学习娱乐合计+其他支出合计。

6. 运用公式计算每月和全年"收支总计"，收支总计=收入合计－支出合计。

7. 运用函数计算"月度收支最大值"和"月度收支最小值"。

8. 运用条件格式将每月和全年"收支总计"小于 0 的数值设置为浅红填充色，深红色文本。

9. 按效果图建立一个独立图表。

三、按以下要求完成"数据管理分析.xlsx"文档的制作。

1. 在"排序"工作表中用公式计算销售额，并按销售额从高到低和按部门对记录进行排序。

2. 在"自动筛选"工作表中筛选出分部为"南区分部""北区分部"且销售量在 200 以上的记录。

3. 在"高级筛选"工作表中筛选出产品名称为"阿尔派 MP4"或者销售金额大于 8000 的记录，生成新的筛选记录表。

4. 在"分类汇总"工作表中按部门分类汇总出操作比赛成绩的平均分。

5. 利用"高级筛选"工作表中的数据生成如图 5-4-4 所示的数据透视表，独立成表。

	A	B	C
1	销售员	(全部)	
2	销售日期	2012-8-2	
3			
4		数据	
5	产品名称	求和项:销售数量	求和项:销售金额
6	阿尔派MP4	10	6800
7	索尼喇叭	22	8030
8	总计	32	14830
9			

图 5-4-4　数据透视表

项目六　WPS 演示的使用

WPS 演示是 WPS Office 最常用的三大功能模块之一，是目前较受欢迎的演示文稿制作工具，使用它制作多媒体演示文稿既方便实用，又形象生动。无论是在各种会议、产品演示、教学、方案说明的场合，还是在进行专业的技术研讨时，都能见到它的身影。

本项目通过对 WPS 演示简单的介绍和实际案例的操作，循序渐进地阐述利用 WPS 演示制作演示文稿的操作技巧。在讲解操作的同时也兼顾演示文稿制作中的设计原则，力求使读者在掌握软件操作的同时，能够独立创建有一定水准的演示文稿。

任务一　设计与制作竞聘演讲稿

本任务以制作竞聘演讲稿（图 6-1-1）为例，介绍 WPS 演示文档的基本操作。通过本任务，读者可以学会如下操作。

图 6-1-1　竞聘演讲稿

- 创建、打开和保存演示文稿
- 插入、移动、复制、删除幻灯片
- 编辑幻灯片。
- 放映和打印演示文稿。

操作一 创建、打开和保存演示文稿

1. 创建演示文稿

一个演示文稿通常是由若干张幻灯片组成的，创建一个新的演示文稿是制作幻灯片、有序组织幻灯片的第一项工作。

（1）选择"开始"→"所有程序"→"WPS Office"→"WPS Office"命令，打开 WPS Office 应用程序，单击"新建"按钮，在"新建"界面选择"P 演示"→"新建空白文档"，就新建了一个空白演示文档，如图 6-1-2 所示。

图 6-1-2　默认的空白演示文稿

（2）单击"文件"菜单中的"退出"按钮，可关闭默认生成的演示文稿。

（3）单击"新建标签"按钮➕，打开"新建"界面，在"推荐模板"列表框中可以选择新建空白文档进行编辑，也可以选择合适的样本模板套用，编辑时只需替换这些样本模板中的图片和文字，就可以省时省力地得到相对专业的演示文稿。

（4）单击"设计"选项卡，在"主题"选项组中有可供选择的设计方案，单击"更多设计"按钮，打开"设计方案"对话框，如图 6-1-3 所示，在"精品推荐"列表中选择合适的设计方案套用。使用 WPS 推荐的设计方案可以简化制作专业设计师水准演示文稿的过程。

（5）单击"演示文稿 1"标签右边的"×"按钮，可关闭"演示文稿 1"。

2. 打开演示文稿

打开演示文稿的方法有许多种，利用"最近所用文件"打开演示文稿也是一种选择。

（1）打开 WPS Office 应用程序，选择最左边的"文档"按钮，此时的界面显示最近编辑过的文档，如图 6-1-4 所示。

（2）单击"最近"列表中某个文档的最右侧的"更多操作"⋮按钮，在打开的列表中选择"打开"即可打开该文档。在打开的列表中选择"移除记录"，可删除该文档的访问记录。

（3）单击窗口右上角的"关闭"按钮，关闭 WPS Office。

图 6-1-3　"设计方案"对话框

图 6-1-4　最近编辑过的文档

3. 保存演示文稿

（1）打开 WPS Office 软件，单击"新建"按钮，在"新建"界面选择"P 演示"选项卡，在"新建空白文档"选项中单击"以[灰色渐变]为背景色新建空白演示"按钮，就新建了一个以灰色渐变为背景色的空白演示文稿。

（2）单击"文件"菜单中的"保存"按钮（或直接单击快捷访问工具栏中的"保存"按钮），打开"另存为"对话框，选择保存位置，如保存在 D 盘的"WPS 演示"文件夹中，将文件名改为"竞聘演讲稿.pptx"，如图 6-1-5 所示。

图 6-1-5 "另存为"对话框

（3）单击"文件"选项卡中的"另存为"按钮，打开"另存为"对话框，在"文件名"框中输入"竞聘演讲稿"，单击"保存类型"下拉按钮，在打开的下拉列表中选择"WPS 演示文稿（*.dps）"选项，如图 6-1-6 所示，单击"保存"按钮，可将文件保存为 WPS 演示文稿。

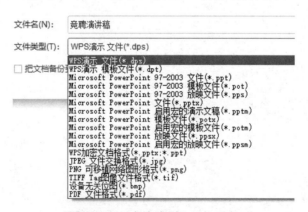

图 6-1-6 "保存类型"下拉列表

（4）单击窗口右上角的"×"按钮，关闭 WPS Office。

操作二 插入、移动、复制、删除幻灯片

插入、移动、复制和删除幻灯片是针对演示文稿中幻灯片的基本操作。

（1）打开"演讲竞聘稿.pptx"演示文稿，选中第一张幻灯片。

（2）在"开始"选项卡中单击"新建幻灯片"按钮，在第一张幻灯片后面插入一张幻灯片。

（3）右键单击新建的幻灯片，在打开的快捷菜单中选择"复制幻灯片"命令，可实现幻灯片的复制。

（4）右键单击第 1 张幻灯片，在打开的快捷菜单中选择"剪切"命令，选中最后一张幻灯片，右键单击并选择快捷菜单中的 "粘贴"命令，可移动幻灯片。

（5）选中最后一张幻灯片，按住鼠标左键将幻灯片拖曳至最上方，可将此幻灯片移动到所有幻灯片之前。

（6）右键单击最后一张幻灯片，在打开的快捷菜单中选择"删除幻灯片"命令，可删除选中的幻灯片。

（7）按住"Ctrl"键不放，依次单击多张幻灯片，在任意一张幻灯片上右击，在打开的快捷菜单中选择"删除幻灯片"命令，可删除多张幻灯片。

（8）不保存操作结果，关闭演示文稿。

操作三　制作幻灯片

掌握了幻灯片的基本操作之后，可以进入幻灯片的实际制作阶段了。制作幻灯片就是将文本、图片、艺术字、形状、表格等元素，有序安插在幻灯片中的过程。

1. 设置 PPT 页面尺寸

在制作 PPT 时，我们需要先选定一个合适的幻灯片页面大小。菜单栏中的"设计"→"幻灯片大小"功能，可快捷调整幻灯片的尺寸。

（1）打开"演讲竞聘稿.pptx"演示文稿，单击"设计"选项卡中的"幻灯片大小"下拉按钮，此处可将幻灯片设置为常用的标准尺寸 4：3 或宽屏尺寸 16：9。

（2）如果需要设置其他尺寸，可单击"自定义大小"进行更详细的页面设置。

2. 添加与格式化文本

文本是幻灯片中最主要的内容，既可以单独使用表述具体内容，也可以和图片配合使用达到彼此强化的作用。

（1）打开"演讲竞聘稿.pptx"演示文稿，选中第一张幻灯片。

（2）单击"空白演示"标题文本框，输入标题"演讲竞聘"，在副标题文本框中输入"实现自我 舞出风采"。

（3）选中标题文本框，在"开始"选项卡中设置文本框内的文字字体为"微软雅黑"，字号为"88 磅"，颜色为主题颜色"珊瑚红，着色 5，深色 25%"；选中副标题文本框，设置字体为"微软雅黑"，字号为"24 磅"，颜色为"白色"。

（4）单击"插入"选项卡中的"文本框"下拉按钮，选择"横向文本框"，在幻灯片右上方拖动生成一个横排文本框，在文本框中输入内容"广西国际商务职业技术学院"。选中文本框，设置字体为"微软雅黑"，字号为"24 磅"，颜色为"白色"，并添加文字阴影。

（5）再插入两个文本框，输入文字"汇报人：张晓明""日期：2021.10"，微软雅黑，18 磅，白色。

（6）在"开始"选项卡中单击"新建幻灯片"按钮，在第一张幻灯片后面插入一张幻灯片，单击"版式"按钮，弹出下拉列表，如图 6-1-7 所示。选择"标题"选项，将该版式应用于新建的幻灯片。

（7）输入标题"CONTENTS"，字体为"Arial"，字号为"36"，颜色为"白色"。

（8）使用同样的方法添加 6 张幻灯片，并依次添加文字内容。

（9）保存演示文稿。

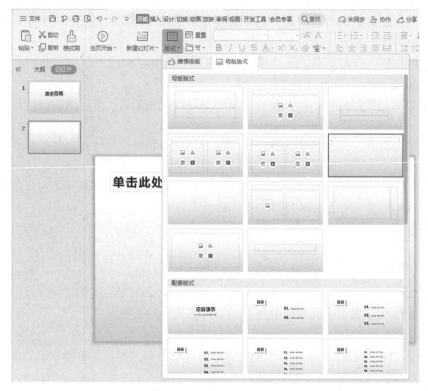

图 6-1-7 "版式"下拉列表

3. 添加和格式化图片

添加和格式化图片也是幻灯片的基本操作，其方法与 WPS 文字类似。

（1）打开"竞聘演讲稿.pptx"，选中第一张幻灯片，单击"插入"选项卡中的"图片"→"本地图片"命令，在幻灯片中插入图片，选中插入的图片，在"图片工具"选项卡中单击"下移一层"下拉按钮中的"置于底层"命令，调整图片的大小和位置，如图 6-1-8 所示。

图 6-1-8 插入图片

（2）若单击"插入"选项卡中的"更多"按钮，在下拉列表中选择"截屏"→"屏幕截图"命令，鼠标指针变成十字形，按住鼠标左键可将自定义的区域截屏到幻灯片中。

（3）在"图片工具"选项卡中，可以对图片做更改颜色、添加艺术效果和图片边框、设置图片版式等处理。

（4）保存操作，关闭演示文稿。

4．添加和格式化形状的操作

在 WPS 演示中，允许把形状作为添加普通文本、艺术字、表格等元素的"容器"使用，因此，熟练掌握形状的应用操作定会为幻灯片增色。本操作是为幻灯片添加一个矩形和 3 个圆，并设置颜色，增强幻灯片的效果。

（1）打开"竞聘演讲稿.pptx"，选中第 5 张幻灯片。

（2）单击"插入"选项卡中的"形状"按钮，在弹出的下拉列表中选择"矩形"形状，在幻灯片上拖动绘制出矩形，并填充主题颜色"珊瑚红，着色 5，深色 25%"。

（3）单击"插入"选项卡中的"形状"按钮，在弹出的下拉列表中选择"椭圆"形状，在幻灯片上按住【Shift】键拖动绘制出 3 个标准圆形，分别填充标准色"橙色"、主题颜色"矢车菊蓝，着色 1"和主题颜色"黑色、文本 1、淡色 35%"，如图 6-1-9 所示。

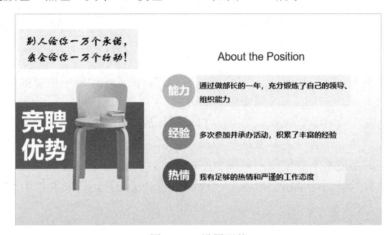

图 6-1-9　设置形状

操作四　放映和打印演示文稿

完整制作一个演示文稿是学习的基本要求，将演示文稿按要求展示给受众才是最终目的。放映制作的演示文稿是为了将演示文稿的内容以视觉形式传递出去。在 WPS 演示 2019 中，用户可以根据不同的放映场合为演示文稿设置不同的放映方式。

1．利用自定义放映组织演示文稿

发布演示文稿前，需要仔细整理、编排演示文稿中的演示内容，合理安排幻灯片的放映顺序，这样才能更好地提高演示文稿的放映效果。一般情况下，演示文稿中的内容只能按照一定的次序播放。但实际工作中往往有跳出原本的播放次序播放幻灯片的要求，或需要在演示文稿播放中间展示一些不方便放在演示文稿中的内容。

利用自定义放映可以满足这些要求，用户可以利用自定义放映从一张幻灯片跳到另一张指定的幻灯片，进而更自由地设计演示文稿的放映顺序，以达到最佳的宣传效果。

（1）单击"放映"选项卡中的"自定义放映"按钮，打开"自定义放映"对话框，单击"新建"按钮，打开"定义自定义放映"对话框，如图6-1-10所示。

（2）将左侧的"在演示文稿中的幻灯片"选中添加到右侧的"在自定义放映中的幻灯片"中，单击"确定"按钮回到"自定义放映"对话框，单击"放映"按钮即可按所选的顺序播放。

2. 放映方式

WPS演示支持2种放映方式，单击"放映"选项卡中的"放映设置"按钮，打开"设置放映方式"对话框即可设置，如图6-1-11所示。

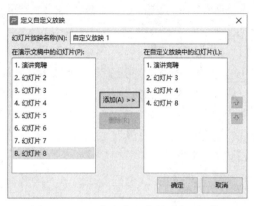

图6-1-10 "定义自定义放映"对话框

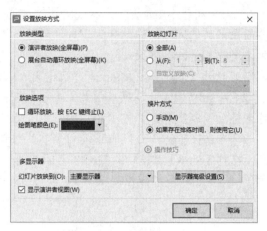

图6-1-11 设置放映方式

（1）演讲者放映（全屏幕）。这是最常用的放映方式，在放映过程中以全屏显示幻灯片。演讲者能控制幻灯片的放映，还可以为演示文稿录制旁白。

（2）展台自动循环放映（全屏幕）。在展台自动循环放映是2种放映方式中最简单的方式，这种方式将自动全屏放映幻灯片，并且循环放映演示文稿，在放映过程中，除通过超链接或动作按钮进行切换，其他的功能都不能使用，如果要停止放映，只能按【Esc】键终止。

（3）放映方式设置好后，单击"放映"选项卡中的"从头开始"或者"当页开始"按钮即可开始放映。

3. 打印演示文稿

打印演示文稿是将制作完成的演示文稿变成纸质文档。

（1）单击快捷访问工具栏中的"打印"按钮，弹出"打印"对话框，设置所连接的打印机、打印模式、内容范围、份数等相关信息，单击"确定"按钮就可以开始打印。

（2）默认方式是每张纸打印一张幻灯片，单击"双面打印"可以将幻灯片打印成双面。

（3）也可以选择"讲义"方式，将多张幻灯片打印在一张纸上。

（4）完成选项设置后，单击"确定"按钮，将按设置要求打印输出文档。

相关知识

1. 幻灯片视图

幻灯片在屏幕中的显示方式统称为视图，WPS演示2019提供了多种视图，常见的有普通视图、幻灯片浏览视图、阅读视图、幻灯片放映视图、母版视图等。

（1）普通视图。普通视图是最常用的编辑视图，大部分演示文稿的设计工作都在普通视图中完成。普通视图的工作区域如图6-1-12所示。

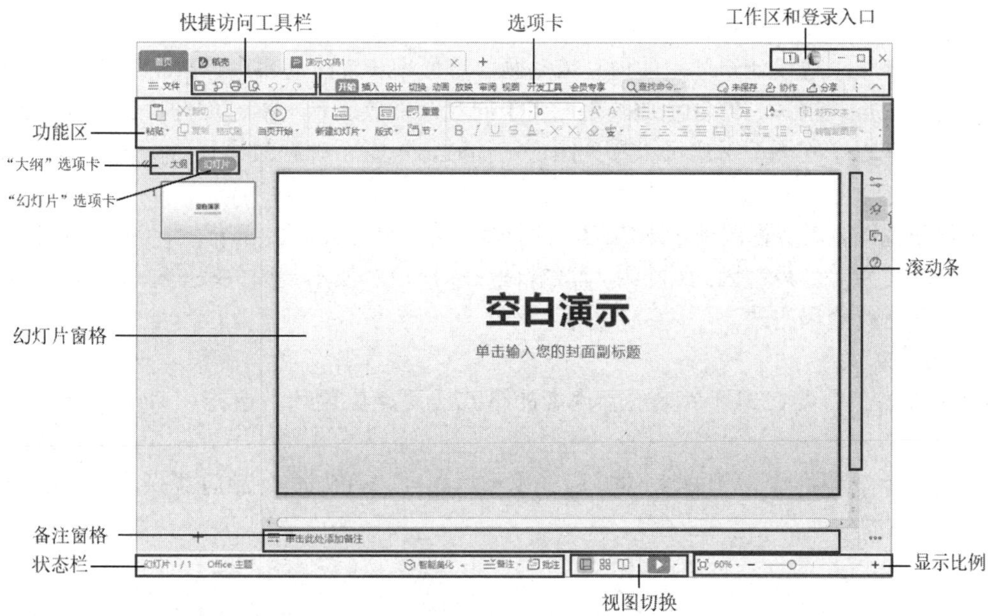

快捷访问工具栏
选项卡
工作区和登录入口
功能区
“大纲”选项卡
“幻灯片”选项卡
滚动条
幻灯片窗格
空白演示
单击输入您的封面副标题
备注窗格
状态栏
显示比例
视图切换

图 6-1-12　普通视图的工作区域

普通视图的视图窗格有两个选项卡，分别是“幻灯片”选项卡和“大纲”选项卡。选择“幻灯片”选项卡时，视图窗格以缩略图的形式依顺序展示演示文稿中的所有幻灯片；而选择“大纲”选项卡则按顺序、分层次显示幻灯片中的所有文本内容。

幻灯片窗格，用于显示当前被选中的幻灯片。在这个区域中可以添加文本，插入图片、表格、声音、视频、智能图形等各种设计元素，幻灯片窗格是幻灯片的主要编辑区域。幻灯片窗格下方的区域是备注窗格，用于记录幻灯片的备注内容，演示文稿放映时，备注部分不显示。

（2）幻灯片浏览视图。在幻灯片浏览视图下可以浏览演示文稿中幻灯片的缩略图，也允许对文稿中幻灯片的顺序进行排列与组织。幻灯片浏览视图如图 6-1-13 所示。

演讲竞聘
CONTENTS
个人简介
竞选宣言
未来工作规划
谢谢!

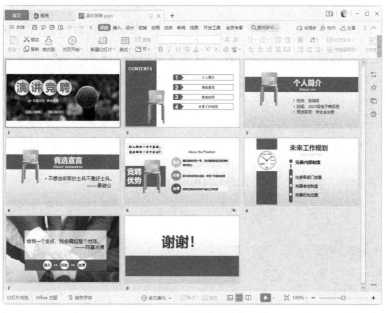

图 6-1-13　幻灯片浏览视图

（3）阅读视图。阅读视图会新建一个窗口用于播放当前编辑中的演示文稿，用户可以边观察幻灯片的演示效果，边设计幻灯片的内容或动画，方便用户实时观察和修改幻灯片。

（4）幻灯片放映视图。幻灯片放映视图用于向观众播放演示文稿。幻灯片放映视图会以全屏的方式工作，在这个视图下用户可以看到图形、计时、电影、动画效果和切换效果在实际演示中的具体表现。

（5）母版视图。母版视图用于编辑幻灯片母版。它记录了幻灯片的背景、颜色、字体、效果、占位符大小和位置等信息。因此，应用母版视图可以快速对演示文稿关联的每个幻灯片、备注页或讲义的样式进行全局更改。

2. 幻灯片版式

幻灯片版式包含要在幻灯片上显示内容的格式设置、位置和占位符。幻灯片版式示意图如图 6-1-14 所示。

根据幻灯片中需要显示的内容不同，版式也不尽相同，WPS 演示 2019 提供了 11 种基本版式，如图 6-1-15 所示。

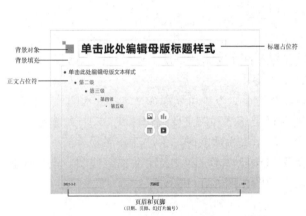

图 6-1-14　幻灯片版式示意图

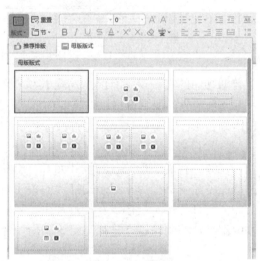

图 6-1-15　WPS 演示自带的基本版式

在一张应用了选定版式的幻灯片上，用户只需将自己的文本和图表复制到对应的占位符中，就可以自动套用预先设定好的格式、位置，从而完成幻灯片制作。

3. 幻灯片中的各元素

可以在幻灯片中添加的内容非常丰富，观察"插入"选项卡即可知道能够在幻灯片中添加的内容，"插入"选项卡如图 6-1-16 所示。

图 6-1-16　"插入"选项卡

（1）幻灯片中的表格。

用户可以在幻灯片中插入普通的表格，也能插入套用的 WPS 表格。

（2）幻灯片中的图像。

WPS 演示 2019 强化了对图形图像进行处理的功能，提供了诸如"截屏"的实用按钮，革命性地加入了对图片快速处理的手段。

① 截屏。单击"插入"选项卡中的"更多"按钮，可弹出下拉列表，如图 6-1-17 所示。此时，软件自动获取计算机桌面上当前窗口的截图，用户可以根据需要，对截取的窗口进行再次截取。

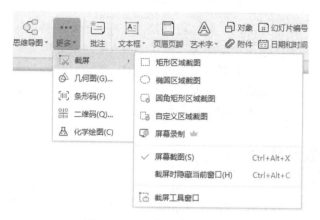

图 6-1-17　"截屏"下拉列表

② 图片的快速处理。当选中幻灯片中的图片后，功能区中会出现"图片工具"选项卡，如图 6-1-18 所示。"图片工具"选项卡中有着内容丰富的选项，可以快速调整图片的亮度、对比度、色彩等基本属性，也可以裁剪图片、抠除背景、旋转或为图片添加边框、阴影、倒影、柔滑边缘等艺术效果。同一张图片通过图片工具修改的效果如图 6-1-19 所示。

图 6-1-18　"图片工具"/"格式"选项卡

图 6-1-19　同一张图片的修改效果

（3）幻灯片中的图形。

WPS 演示 2019 中的图形包含形状、图标、智能图形、图表 4 个方面的内容。

为幻灯片加入"形状"后，功能区中出现"绘图工具"选项卡，如图 6-1-20 所示。通过"绘图工具"选项卡提供的选项可为幻灯片中的图形设置不同颜色类型的填充、轮廓和效果。

图 6-1-20　"绘图工具"选项卡

（4）幻灯片中的文本。

无论是添加普通文字还是艺术字，都是在文本框中进行的。选中文本框后，功能区中出现"文本工具"选项卡，如图 6-1-21 所示。

图 6-1-21　"文本工具"选项卡

　　所谓文本框，就是一个长方形的，默认轮廓和填充都是透明的特殊形状。若需要形态各异的其他形状，也可以通过必要的操作，添加可以在其中输入文字的异形文本框。

　　掌握形状的设置方式，相当于掌握了文本框的设置。为幻灯片添加表格，其实也就是将表格绘制在一个自动生成的特殊类型的形状里面。

　　除普通的文本和艺术字，也可为幻灯片添加页眉和页脚、时间和日期及编号等特殊的文本。

任务二　制作学校宣传片

　　本任务以制作学校宣传片（图 6-2-1）为例，进一步细化 WPS 演示文稿的使用。通过本任务，读者可以学会如下操作。

- 制作和使用母版。
- 设置幻灯片切换效果。
- 利用智能图形、音频、视频等多媒体元素为幻灯片增色。
- 为幻灯片元素添加动画，利用自定义动画窗格调整动画的播放顺序。

图 6-2-1　学校宣传片

操作一 制作和使用幻灯片母版

1. 制作幻灯片母版

（1）在 D 盘的"WPS 演示"文件夹中，新建一个演示文稿，命名为"学校宣传片.pptx"。

（2）单击"视图"选项卡中的"幻灯片母版"按钮，进入幻灯片母版视图。

（3）为"标题"幻灯片版式添加背景和设置格式。选中标题幻灯片版式，单击"设计"选项卡中的"背景"按钮，打开"对象属性"窗格，选中"图片或纹理填充"单选按钮，在"图片填充"框中选择"本地文件"选项，打开"选择纹理"对话框，如图 6-2-2 所示，选择本地的背景图片文件，单击"打开"按钮即可为标题幻灯片添加背景。

图 6-2-2 "选择纹理"对话框

（4）为"标题"幻灯片添加一个矩形框，23×11 厘米，白色，半透明，置于标题下方。主标题字体为"微软雅黑"，字号为"60"；副标题字体为"微软雅黑"，字号"18"，如图 6-2-3 所示。

（5）为"仅标题"版式添加图片和设置格式。选中"仅标题"版式，插入一大一小两个矩形，小矩形大小为 0.4×0.4 厘米，填充主题颜色"中宝石碧绿，着色 3"，大一点的矩形为 1×1 厘米，填充主题颜色"矢车菊蓝，着色 2"，两个矩形角对角摆放好，放在标题前面作为装饰。标题字体为"微软雅黑"，字号"32"，颜色为标准色"蓝色"。

（6）单击"幻灯片母版"选项卡中的"关闭"按钮，退出母版视图。

2. 为演示文稿应用幻灯片版式

单击"新建幻灯片"添加 6 张幻灯片，选中第 2、7 张幻灯片，单击"开始"选项卡中的"版式"按钮，在打开的下拉列表中选择"空白"幻灯片版式；用同样的方法将第 3、4、5、6 张幻灯片应用"仅标题"版式。

使用幻灯片母版版式，可以对演示文稿中的每张幻灯片，进行统一的样式更改。尤其是长的演示文稿，可以大大节省编辑时间。

图 6-2-3　为"标题"幻灯片添加背景和设置格式

操作二　设置动画效果

WPS 演示提供了快速、简便地添加、删除动画效果的方式，学会这些操作可以为自己的演示文稿添加一些必要的动画效果。

1. 添加进入、强调、退出等动画效果

（1）打开之前创建的"学校宣传片.pptx"演示文稿，选中第 5 张幻灯片。

（2）选中幻灯片中的第 1 幅图片，单击"动画"选项卡"动画"选项组中的"其他"按钮，在弹出的下拉列表中选择"缓慢进入"进入效果，为图片添加动画效果，如图 6-2-4 所示。设置动画效果的同时，幻灯片出现设置效果的预览。

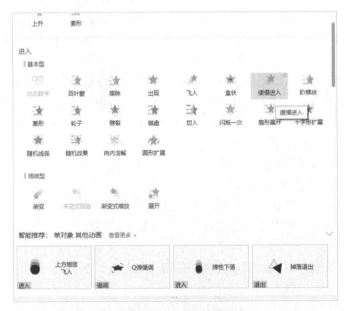

图 6-2-4　动画效果

（3）选中幻灯片中的第 2 幅图片，单击"动画"选项卡"动画"选项组中的"其他"按钮，在弹出的下拉列表中选择"放大/缩小"强调效果，为图片添加动画效果。

（4）选中幻灯片中的第 3 幅图片，单击"动画"选项卡"动画"选项组中的"其他"按钮，在弹出的下拉列表中选择"轮子"退出效果，为图片添加动画效果。

（5）选中幻灯片中的第 4 幅图片，单击"动画"选项卡"动画"选项组中的"其他"按钮，在弹出的下拉列表中选择"出现"进入效果，为图片添加动画效果。

（6）至此，已为幻灯片中的 4 幅图片添加了 4 种不同动画效果，且 4 幅图片会根据设置的先后按次序播放，观看动画效果。

2．制作自定义的动画效果

WPS 演示 2019 还可以制作自定义的动画效果。

（1）打开"学校宣传片.pptx"演示文稿，切换至第 6 张幻灯片。

（2）选中左下角的一张图片。

（3）单击"动画"选项卡"动画"选项组中的"其他"按钮，在弹出的下拉列表中选择"绘制自定义路径"选项中的"直线"，如图 6-2-5 所示。

图 6-2-5　可选的动作路径

（4）此时鼠标指针会变成十字形，选择图片的圆心位置，用鼠标规定路径的起点和终点，软件会自动在两点间添加直线路径，如图 6-2-6 所示。

图 6-2-6　自定义动作路径

（5）倘若选择其他曲线类型，则鼠标会变成铅笔图案，此时可以任意绘制动画路径。

（6）放开鼠标左键即可完成路径的设定（也可将设置的路径首尾相连，完成封闭路径的设定）。

操作三　设计幻灯片切换的效果

设计幻灯片间切换的效果，可以强化幻灯片播放时的效果。

（1）打开"学校宣传片.pptx"演示文稿。

（2）单击"转换"选项卡，在列表中选择"擦除"选项。

（3）单击"转换"选项卡中的"声音"下拉按钮，在弹出的下拉列表中选择"风声"选项。

（4）选中"切换"选项卡中的"自动换片"复选框，并将之后的时间调整为"00:05"（5秒换片）。

（5）至此，由其他幻灯片切换至此幻灯片时，采用"擦除"的切换效果，同时播放"风声"音效，切换至该幻灯片5秒后自动切换至下一张幻灯片。

（6）单击"转换"选项卡中的"应用到全部"按钮，将上述设置应用到整个演示文稿中，如图6-2-7所示。

图 6-2-7 幻灯片切换

相关知识

1. 演示文稿的动画设计

演示文稿是否生动，决定了演示文稿的成败。为演示文稿中的文本、图片、表格等内容添加必要的动画，可以有效提升播放效果。WPS演示 2019 提供了强大的动画制作功能。

（1）为演示文稿创建动画。

演示文稿中的所有内容，如表格、形状、图片、文本、艺术字、智能图形、图表等元素，都可以附加动画效果。

最常见的动画效果包括"进入"和"退出"两种，WPS提供了多种上述元素在演示文稿中出现或隐没的方式。另外还有一种被称为"强调"的动画效果，是利用一段小动画，突出显示幻灯片中的某个内容。无论是"进入""退出"，还是"强调"，WPS 都提供了丰富的预设动画供设计者使用，部分可用的预设动画效果如图6-2-8所示。

图 6-2-8 部分可用的预设动画效果

用户在选中需要添加动画的内容后，选择某个预设动画效果，就可以完成演示文稿中动画的设置。如果预设的动画效果仍无法满足设计要求，用户还可以利用自定义动画路径功能，自主地设定演示文稿中的动画效果。

（2）自定义动画窗格。

当一张幻灯片中有多个动画时，设计者就要考虑动画播放顺序的问题。同一个文本，既有进入动画，也有退出动画。若退出动画出现在进入动画之前，势必会引起演示过程的混乱。幻灯片中不同的设计元素，出现或退出都有自己的先后顺序，此时需要用幻灯片的自定义动画窗格调整上述内容，典型的自定义动画窗格如图 6-2-9 所示。

在动画窗格中，控制动画开始播放有"单击时""之前""之后"3 种形式。

元素前的符号代表动画类型。黄色的代表强调类型，绿色的代表进入类型，线条代表自定义动画路径，红色代表退出动画。

图 6-2-9　典型的自定义动画窗格

（3）幻灯片的切换效果。

除幻灯片内部的动画效果外，幻灯片从一张切换至下一张时也允许设置类似动画的效果。用户可以控制幻灯片切换的速度，也可以为幻灯片添加切换声音。为幻灯片添加动画可让演示文稿更具动态效果，并有助于强调要点，但动画太多会分散注意力，切记，过分渲染动画可能喧宾夺主。

2. 使用智能图形、图表、音频、视频

幻灯片中可以添加、编辑的内容非常丰富，除文本、图片、艺术字、形状、表格，还有智能图形、图表、音频、视频等。在幻灯片中添加更多内容，可以极大地提高演示文稿的观感，也能让演示文稿的编排显得更专业。

（1）智能图形。

在演示文稿的制作过程中，有一个基本原则就是演示文稿应该尽量多使用图片，尽量少出现大段文字。由于创建具有设计师水准的插图很难，普通的演示文稿设计人员即使了解这个基本原则，也仍趋向于创建纯文本内容的幻灯片。

智能图形的主要任务就是让非专业的用户可以将简单堆砌的文本内容，转换为具有专业设计师水准的插图，并能在一定程度上表现内容之间的逻辑关系，如图 6-2-10 所示。

任务一　设计与制作竞聘演讲稿

操作一　创建、打开和保存演示文稿
操作二　插入、移动、复制、删除幻灯片
操作三　制作幻灯片
操作四　放映和打印演示文稿

任务一　设计与制作竞聘演讲稿

操作一　创建、打开和保存演示文稿
操作二　插入、移动、复制、删除幻灯片
操作三　制作幻灯片
操作四　放映和打印演示文稿

图 6-2-10　为纯文本幻灯片添加智能图形的前后对比

（2）图表。

如果说智能图形是对文本信息的补充和美化，图表就是对表格中数值信息的补充及美化。将表格转换成图表的示例如图 6-2-11 所示。

考 核 项 目		考 核 方 法	比例
过程考核	态度纪律	根据作业完成情况、课堂回答问题情况、课堂实践示范情况、上课考勤情况，由教师和学生干部共同评定。	10%
	平台学习	视频观看，在线时长、讨论、阶段性学习结束后的平台作业，由慕课平台评定。	20%
	过程考核	完成综合作品的制作并汇报，根据作品完成效果和汇报情况进行成绩的综合评定。10%×4次	40%
结果考核	期末考试	机器阅卷	30%
合计			100%

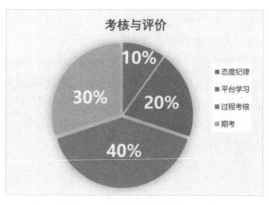

图 6-2-11　将表格转化成图表

（3）音频。

音频会在演示文稿中的多个场合出现，如幻灯片切换时播放的音效，为演示文稿中的内容添加动作时设置的音效，在设置幻灯片放映效果时为幻灯片录制的旁白，这些都是幻灯片中的音频效果。

对于演示文稿的音频，WPS 演示提供了专门的音频工具，用户可以对音频进行必要操作。单击"插入"选项卡中的"音频"按钮即可插入音频并打开"音频工具"选项卡，"音频工具"选项卡如图 6-2-12 所示。

图 6-2-12　"音频工具"选项卡

（4）视频。

过去用户要为幻灯片添加视频非常困难，现在则可以直接为演示文稿添加常见格式的视频，并且视频信息不再是一个外部文件的引用，而是作为演示文稿的一部分随演示文稿一同保存，避免因为引用不当造成视频无法播放的尴尬。

WPS 也为视频添加了简单的剪辑功能，用户可以修饰视频播放窗口的样式，也可以为视频重新着色，对于篇幅过长的视频，可以通过裁剪视频功能控制视频的长度。

打开本书素材制作"我的家乡.pptx"演示文稿，"我的家乡.pptx"演示文稿的内容如图 6-2-13 所示。

1. 将封面、封底的标题文本设置为华文行楷，60 磅；其他幻灯片的标题文本设置为华文仿宋，36 磅，内容文本设置为华文楷体、16 磅。

2. 第 6 张幻灯片的动画效果设置：幻灯片播放时标题文本自动从右侧快速进入，图片强调效果为"360 度顺时针，中速，陀螺旋"，图片说明文本强调效果为"着色"，动画按标题文本、图片、说明文本顺序。

图 6-2-13 "我的家乡.pptx"演示文稿的内容

3．在第一张幻灯片后插入"仅标题"版式幻灯片，标题内容为"目录"，设置为 54 磅。

4．设置幻灯片的切换效果为"擦除"，应用到全部幻灯片。

5．保存文档。

附录 A　全国计算机等级考试一级 WPS Office 考试大纲（2021 年版）

基本要求

1. 具有微型计算机的基础知识（包括计算机病毒的防治常识）。
2. 了解微型计算机系统的组成和各部分的功能。
3. 了解操作系统的基本功能和作用，掌握 Windows 的基本操作和应用。
4. 了解文字处理的基本知识，熟练掌握 WPS 文字的基本操作和应用，熟练掌握一种汉字输入方法。
5. 了解电子表格软件的基本知识，掌握 WPS 表格的基本操作和应用。
6. 了解多媒体演示软件的基本知识，掌握演示文稿制作软件 WPS 演示的基本操作和应用。
7. 了解计算机网络的基本概念和互联网（Internet）的初步知识，掌握 IE 浏览器软件和 Outlook Express 软件的基本操作和使用。

考试内容

一、计算机基础知识

1. 计算机的发展、类型及其应用领域。
2. 计算机中数据的表示、存储与处理。
3. 多媒体技术的概念与应用。
4. 计算机病毒的概念、特征、分类与防治。
5. 计算机网络的概念、组成和分类；计算机与网络信息安全的概念和防控。
6. 互联网网络服务的概念、原理和应用。

二、操作系统的功能和使用

1. 计算机软、硬件系统的组成及主要技术指标。
2. 操作系统的基本概念、功能、组成及分类。
3. Windows 操作系统的基本概念和常用术语，文件、文件夹、库等。
4. Windows 操作系统的基本操作和应用：

（1）桌面外观的设置，基本的网络配置。

（2）熟练掌握资源管理器的操作与应用。

（3）掌握文件、磁盘、显示属性的查看、设置等操作。

（4）中文输入法的安装、删除和选用。

（5）掌握检索文件、查询程序的方法。

（6）了解软、硬件的基本系统工具。

三、WPS 文字处理软件的功能和使用

1．文字处理软件的基本概念，WPS 文字的基本功能、运行环境、启动和退出。

2．文档的创建、打开和基本编辑操作，文本的查找与替换，多窗口和多文档的编辑。

3．文档的保存、保护、复制、删除、插入。

4．字体格式、段落格式和页面格式设置等基本操作，页面设置和打印预览。

5．WPS 文字的图形功能，图形、图片对象的编辑及文本框的使用。

6．WPS 文字表格制作功能，表格结构、表格创建、表格中数据的输入与编辑及表格样式的使用。

四、WPS 表格软件的功能和使用

1．电子表格的基本概念，WPS 表格的功能、运行环境、启动与退出。

2．工作簿和工作表的基本概念，工作表的创建、数据输入、编辑和排版。

3．工作表的插入、复制、移动、更名、保存等基本操作。

4．工作表中公式的输入与常用函数的使用。

5．工作表数据的处理，数据的排序、筛选、查找和分类汇总，数据合并。

6．图表的创建和格式设置。

7．工作表的页面设置、打印预览和打印。

8．工作簿和工作表数据安全、保护及隐藏操作。

五、WPS 演示软件的功能和使用

1．演示文稿的基本概念，WPS 演示的功能、运行环境、启动与退出。

2．演示文稿的创建、打开和保存。

3．演示文稿视图的使用，演示页的文字编排、图片和图表等对象的插入，演示页的插入、删除、复制，以及演示页顺序的调整。

4．演示页版式的设置、模板与配色方案的套用、母版的使用。

5．演示页放映效果的设置、换页方式及对象动画的选用，演示文稿的播放与打印。

六、互联网（Internet）的初步知识和应用

1．了解计算机网络的基本概念和互联网的基础知识，主要包括网络硬件和软件，TCP/IP 协议的工作原理，以及网络应用中常见的概念，如域名、IP 地址、DNS 服务等。

2．能够熟练掌握浏览器、电子邮件的使用和操作。

考试方式

1．采用无纸化考试，上机操作。考试时间为 90 分钟。

2．软件环境：Windows 7 操作系统，WPS Office 2019 办公软件。

3．在指定时间内，完成下列各项操作：

（1）选择题（计算机基础知识和网络的基本知识）。（20 分）

（2）Windows 操作系统的使用。（10 分）

（3）WPS 文字的操作。（25 分）

（4）WPS 表格的操作。（20 分）

（5）WPS 演示软件的操作。（15 分）

（6）浏览器（IE）的简单使用和电子邮件收发。（10 分）

附录 B 一级 WPS 模拟试题

（考试时间 90 分钟，满分 100 分）

一、选择题（每小题 1 分，共 20 分）

1. 世界上公认的第一台电子计算机诞生的年代是（   ）。
   A．20 世纪 30 年代　　　　　　　　B．20 世纪 40 年代
   C．20 世纪 80 年代　　　　　　　　D．20 世纪 90 年代

2. 构成 CPU 的主要部件是（   ）。
   A．内存和控制器　　　　　　　　　B．内存、控制器和运算器
   C．高速缓存和运算器　　　　　　　D．控制器和运算器

3. 十进制数 29 转换成无符号二进制数等于（   ）。
   A．11111　　　　　　　　　　　　B．11101
   C．11001　　　　　　　　　　　　D．11011

4. 10GB 的硬盘表示其存储容量为（   ）。
   A．一万字节　　　　　　　　　　　B．一千万字节
   C．一亿字节　　　　　　　　　　　D．一百亿字节

5. 组成微型机主机的部件是（   ）。
   A．CPU、内存和硬盘　　　　　　　B．CPU、内存、显示器和键盘
   C．CPU 和内存　　　　　　　　　 D．CPU、内存、硬盘、显示器和键盘

6. 已知英文字母 m 的 ASCII 码值为 6DH，那么字母 q 的 ASCII 码值是（   ）。
   A．70H　　　　　　　　　　　　　B．71H
   C．72H　　　　　　　　　　　　　D．6FH

7. 一个字长为 6 位的无符号二进制数能表示的十进制数值的范围是（   ）。
   A．0～64　　　　　　　　　　　　B．1～64
   C．1～63　　　　　　　　　　　　D．0～63

8. 下列设备中，可以作为微机输入设备的是（   ）。
   A．打印机　　　　　　　　　　　　B．显示器
   C．鼠标器　　　　　　　　　　　　D．绘图仪

9. 操作系统对磁盘进行读/写操作的单位是（   ）。
   A．磁道　　　　　　　　　　　　　B．字节
   C．扇区　　　　　　　　　　　　　D．KB

10. 一个汉字的国标码需用 2 字节存储，其每个字节的最高二进制位的值分别为（   ）。
    A．0，0　　　　　　　　　　　　 B．1，0
    C．0，1　　　　　　　　　　　　 D．1，1

11. 下列各类计算机程序语言中，不属于高级程序设计语言的是（   ）。

    A．Visual Basic   B．FORTAN 语言

    C．Pascal 语言   D．汇编语言

12. 在下列字符中，其 ASCII 码值最大的一个是（   ）。

    A．9   B．Z

    C．d   D．X

13. 下列关于计算机病毒的叙述中，正确的是（   ）。

    A．反病毒软件可以查杀任何种类的病毒

    B．计算机病毒是一种被破坏了的程序

    C．反病毒软件必须随着新病毒的出现而升级，提高查、杀病毒的功能

    D．感染过计算机病毒的计算机具有对该病毒的免疫性

14. 下列各项中，非法的 Internet 的 IP 地址是（   ）。

    A．202.96.12.14   B．202.196.72.140

    C．112.256.23.8   D．201.124.38.79

15. 计算机的主频指的是（   ）。

    A．软盘读写速度，用 Hz 表示   B．显示器输出速度，用 MHz 表示

    C．时钟频率，用 MHz 表示   D．硬盘读写速度

16. 计算机网络分为局域网、城域网和广域网，下列属于局域网的是（   ）。

    A．ChinaDDN 网   B．Novell 网

    C．Chinanet 网   D．Internet

17. 下列描述中，正确的是（   ）。

    A．光盘驱动器属于主机，而光盘属于外设

    B．摄像头属于输入设备，而投影仪属于输出设备

    C．U 盘既可用作外存，也可用作内存

    D．硬盘是辅助存储器，不属于外设

18. 在下列字符中，其 ASCII 码值最大的一个是（   ）。

    A．9   B．Q

    C．d   D．F

19. 把内存中数据传送到计算机硬盘上去的操作称为（   ）。

    A．显示   B．写盘

    C．输入   D．读盘

20. 用高级程序设计语言编写的程序（   ）。

    A．计算机能直接执行

    B．具有良好的可读性和可移植性

    C．执行效率高但可读性差

    D．依赖于具体机器，可移植性差

二、基本操作题（10 分）

1. 将考生文件夹下 FENG\WANG 文件夹中的文件 BOOK.PRG 移动到考生文件夹下 CHANG 文件夹中，并将该文件改名为 TEXT.PRG。

2. 将考生文件夹下 CHU 文件夹中的文件 JIANG.TMP 删除。

3．将考生文件夹下 REI 文件夹中的文件 SONGFOR 复制到考生文件夹下 CHENG 文件夹中。

4．在考生文件夹下 MAO 文件夹中建立一个新文件夹 YANG。

5．将考生文件夹下 ZHOU\DENG 文件夹中的文件 OWER.DBF 设置为隐藏属性。

三、上网题（10 分）

1．某模拟网站的主页地址是：HTTP://LOCALHOST:65531/Exam Web/new2017/index.html，打开此主页，浏览"杜甫"页面，查找"代表作"的页面内容并将它以文本文件的格式保存到考生文件夹下，命名为"DFDBZ.txt"。

2．向 wanglie@mail.neea.edu.cn 发送邮件，并抄送 jxms@mail.neea.edu.cn，邮件内容为："王老师：根据学校要求，请按照附件表格要求统计学院教师任课信息，并于 3 日内返回，谢谢!"，同时将文件"统计.xlsx"作为附件一并发送。将收件人 wanglie@mail.neea.edu.cn 保存至通信录，联系人姓名栏填写"王列"。

四、WPS 文字题

在考生文件夹下，打开文档 wps.WPS，按照要求完成下列操作并以该文件名（wps.WPS）保存文档。

1．将文中所有"图画"替换为"图书"；将标题段文字（"3G 时代最 IN 的阅读方式：移动手机阅读"）设置为小三号、黑体、蓝色、倾斜、居中、并添加黄色作为突出显示。

2．将正文文字（"近年来，随着移动互联网……读者提供一片乐土。"）设置为小四号楷体；各段落文本之前、之后均缩进 0.5 字符，首行缩进 2 字符，1.5 倍行距，段前、段后各间距 0.5 行。

3．正文第一段（"近年来，随着……阅读开发这片蓝海。"）设置首字下沉，字体为"幼圆"，下沉行数"3"，距正文"5 毫米"；将正文第三段（"除了最基本的阅读功能，……提供一片乐土。"）分为等宽两栏，栏宽 18 字符，栏间加分隔线。

4．给文章添加页眉：内容为"3G 时代最 IN 的阅读方式"，并将页眉设置为五号隶书、居中。

5．将文中后 8 行文字转换为一个 8 行 3 列的表格（"受关注的 3G 手机……1899"）；设置表格列宽为 4 厘米，行高为固定值 30 磅。

6．将表格第一行合并为一个单元格；将表格中第 1 行、第 2 行以及第 1 列的所有单元格的内容设置为水平居中、垂直居中，其余各行、各列单元格内容设置为靠上居中对齐；设置表格整体居中。

五、WPS 表格题

打开考生文件夹下的 Book.et，按下列要求完成操作，并同名保存结果。

1．将工作表 Sheet1 的 A1:I1 单元格合并居中；计算每个人的"总分"和"平均分"；按照总分从高到低统计每个人的"名次"（利用 RANK 函数）。

2．设置 A2:I24 单元格的内容居中，设置 A:I 列的列宽为 2 厘米；将工作表命名为"期中考试成绩表"。

3．设置 H3:H24 区域的单元格数字格式为数值，保留 2 位小数；设置表格 A1:I24 的外框线为双细线，内框线为单粗线；底纹填充为浅蓝色。

4．选取"姓名"列（B2:B24）和"数据库"列（E2:E24）的单元格内容，建立"簇状柱形图"，系列产生在"列"，图表标题为"数据库成绩统计图"，不显示图例，插入到表的 A26:I42 单元格区域内。

六、WPS 演示题

打开考生文件夹下的演示文稿 ys.dps，按照下列要求完成对此文稿的修饰并保存。

1. 将第一张幻灯片文本的动画效果自定义为："进入向内溶解"；将第二张幻灯片版式改变为"竖版"；在演示文稿的开始处插入一张幻灯片，版式设置为"标题幻灯片"，作为文稿的第一张幻灯片，标题输入"诺贝尔文学奖获得者-莫言"，设置为：仿宋、加粗、54 磅。

2. 为整个演示文稿应用一种适当的设计模板；全部幻灯片的切换方式均设置为"擦除"，效果选项为"向下"。

3. 将考生文件夹下的图片"诺贝尔颁奖 1.png"插入到第四张幻灯片中，并设置图片尺寸"高度 10 厘米""锁定纵横比"，图片位置设置为"水平 18.5 厘米""垂直 8.5 厘米"。